박경미의
수학N

* 이 저서는 2011년도 정부(교육과학기술부)의 재원으로 한국연구재단의 지원을 받아
연구되었음(NRF-2011-812-B00086)

박경미의 수학

수학의 발칙한 상상,
문학·영화·미술·사회·
철학·역사를 유혹하다

NUMBER

NARRATIVE

NETWORK

& AND

동아시아

시작하며

얼마 전 건강 검진을 받았다. 내 몸을 스캔하는 첨단 의료장비들을 보며 새삼 신통방통하다는 생각이 들었다. 영상의학과 의사는 검사 결과 화면을 판독하여 장기의 상태를 세세히 설명해 주었다. 내게 무의미해 보이는 흑백 화면에서 유용한 정보를 건져내는 의사를 보며 문득 나의 전문성은 무엇일까 하는 회의감이 들었다. 최근 정확도가 높아져 척척 들어맞는 일기예보를 접할 때에도, 어느 날 갑자기 눈앞에 들어오는 멋진 건물을 보게될 때에도 나는 주눅이 든다. 그래서 내가 하는 일도 구체적인 효용을 눈으로 확인할 수 있다면 하고 바라기도 했다. 하지만 생각을 좀 더 진전시키면 또 다른 깨달음을 얻는다. CT나 MRI에서 2D 단면 영상을 종합하여 3D 입체 영상으로 재구성할 때 적분에 기초한 소프트웨어가 이용된다. 변화 현상을 탐구하는 미분은 미래의 대기 상태를 알아내는 데 필수적인 지식으로, 일기예보는 복잡한 편미분방정식들을 푸는 것이라 할 수 있다. 공학적으로 안전한 건물을 설계할 때 이루어진 수많은 수학 계산이나 건물의 세련된 디자인을 위해 필요한 수학의 원리 등을 생각하면 우리는 수학과 함께하는 하루를 보낸다고 해도 과언이 아니다. 그렇다면 문명을 떠받치고 있는 수학을 설명하고 전파하는 나도 나름 괜찮은 일을 하고 있는 게 아닐까.

내 학창 시절의 미술 수업과 시험을 떠올려보면 한심하기 그지없다. 지금은 인상파 작품에서 형용하기 어려운 감동을 받지만, 당시에는 감상할 겨를도 없이 시험을 위해 화풍과 화가와 작품을 무조건 외웠다. 심지어 인상파 화가인 마네와 모네 중에서 모음 '아'가 '오'보다 먼저 나오니 마네가 모네보다 시기상 먼저라는 식으로 미술 자체가 아닌 미술을 둘러싼 단편적인 지식을 머릿속에 구겨 넣었다. 그러나 성인이 된 후 인상파가 왜 등장했고 무엇에 주목했는지 자연스러운 흐름으로 이해할 수 있게 되었다. 인상파의 대두는 편리한 튜브물감의 등장과 관련된다. 광물이나 식물에 포함된 색소를 이용할 때는 실내에서 그림을 그리는 경우가 많았지만, 화학안료로 간편하게 휴대할 수 있는 물감이 출현하면서 화가들은 캔버스를 야외로 옮기게 되었다. 자연 경관을 관찰하면서 햇빛에 따라 시시각각 달라지는 미묘한 변화를 화폭에 담게 된 빛의 회화가 인상파이다.

문외한이면서도 미술 이야기를 꺼낸 이유는 내가 인상파를 기계적으로 암기했던 것과 마찬가지로 현재 많은 학생들이 수학을 공식의 무의미한 암기와 적용으로 받아들이고 있지 않을까? 하는 의문이 들어서이다. 인상파에 대해 종합적으로 이해하고 작품을 직접 느껴보는 것처럼 학생들도 수학과 영향력을 주고받은 문명과 함께 수학을 풍요롭게 이해할 수 있었으면 한다. 이 책이 수학과 문학, 영화, 미술, 사회, 철학, 역사를 연계시키면서 음미해보는 단초를 마련해주면 좋겠다.

그런 의미에서 책 제목으로 처음에 마음에 두었던 것은 '수학 도슨트'였다. 미술관에서 도슨트docent의 안내하에 작품의 의미를 읽어내고 예술적 감수성을 발동시켜 작품을 풍부하게 감상할 수 있는 것처럼 이 책이 수학의 도슨트가 되기를 바랐다. 이 제목과 경합을 벌이다 최종적으로 정해진 제목이 『수학N』이다. 『수학N』은 수학을 여러 분야와 연결시키는 '수학 and'의 의미이고, 수학을 중심에 놓는 '네트워크network'이며, 수학에 대해서술하고 묘사하는 '내러티브narrative'이기도 하다. 『수학N』은 '수학엔' 무엇이 있을까 하는 궁금증의 발로이자, '임의의 정수 n에 대해'로 시작하는 수학 증명을 대변하기도 한다. 이처럼 N은 'and', '네트워크', '내러티브', '엔', '정수 n'의 다층적인 의미를 갖는다.

어떤 분야에서건 최고 고수는 놀이처럼 즐기는 사람이라 한다. 천재는 노력하는 사람을 이기지 못하고, 노력하는 사람은 즐기는 사람을 이기지 못한다고 하지 않았던가. 우리 교육의 현실이 워낙 팍팍한지라 '수학'과 '즐거움'이라는 단어가 함께 가기는 어렵지만, 그래도 오래도록 수학과 함께하려면 수학 놀이터에서 즐길 수 있어야 한다. 수학의 개념과 원리를 익히는 놀이 기구를 타고 체력도 길러야 하지만, 벤치에 앉아 쉬면서 놀이 터의 지형을 살펴보고 하늘과 구름과 나무를 바라보며 여유도 가져야 한다. 이 책이 수학 놀이터에서 지루하지 않게 시간을 보내는 데 조금이라도 도움이 되었으면 하는 바람을 가져본다.

되돌아보니 수학에 대해 '해설'하는 글을 써온 지가 꽤 되었 다. 글을 쓸 때 수학의 '논리'가 더 중요하게 생각되기도 하고, 독자의 '심리'가 우선시되기도 하였다. 내 학창 시절에는 영어 문장의 형식을 따졌는데, 그중에서 4형식은 주어 + 동사 + 간접 목적어 + 직접목적어의 구조를 갖는다. 글을 쓰는 행위는 독자 에게(간접목적어) 수학을(직접목적어) 전달하는 것인데, 간접목 적어와 직접목적어 중에서 어디에 우선순위를 두어야 할지 갈 등할 때가 있다. 독자를 배려하다 보면 수학의 엄밀성이 낮아 지고, 수학을 제대로 기술하다 보면 독자들이 멀어질 수 있는 딜레마에 빠지게 된다. 독자와 수학이라는 두 가지 목적어 사 이의 줄타기는, 흔한 결론이지만 양쪽을 적정 수준에서 만족시 키는 선으로 타협하였다. 본문에서 좀 깊이 있는 수학 내용의 경우는 보라색 바탕의 박스로 표시하였으니 부담 없이 건너뛰 어도 된다.

이 책을 집필하면서 여러 사실적 정보를 확인할 때 구글Google 과 위키피디아Wikipedia를 활용하였음을 언급하지 않을 수 없다. 무엇보다 원고를 정성껏 매만져준 동아시아 출판사의 한성봉 사장님과 조서영 편집자에게 깊은 감사의 뜻을 전하고 싶다.

contents

시작하며   004

수학 N 문학

1. 진법 & 소설 『이상한 나라의 앨리스』와 『마션』   012

2. 오일러의 공식 & 소설 『박사가 사랑한 수식』   027

3. 인도의 수학 & 소설 『신』   038

수학 N 영화

1. 골드바흐의 추측 & 영화 <페르마의 밀실>   056

2. 4색 문제 & 영화 <용의자 X의 헌신>   079

3. 기수법 & 영화 <2012>   091

수학 N 미술

1. 준정다면체 & 명화 <파치올리의 초상>   106

2. 비유클리드 기하학 & 에스허르의 작품   127

수학 N 사회

1. 미터법은 프랑스 혁명의 산물   160

2. 선거 방법을 이론화한 수학자들   171

3. 게임이론 & 영화 <뷰티풀 마인드>   189

수학 N 철학

1. 수리철학 & 영화 <옥스퍼드 살인 사건>   212

2. 괴델, 에스허르, 바흐   236

3. 유클리드의 『원론』 & 스피노자의 범신론   252

수학 N 역사

1. 바빌로니아의 수학 노트, 점토판   272

2. 이집트의 수학 노트, 파피루스   288

3. 필즈메달에 새겨진 아르키메데스   308

4. 원주율의 역사 & 영화 <라이프 오브 파이>   328

N

mathematics
&
literature

수학
&
문학

01

___

진법

&

소설 『이상한 나라의 앨리스』와
『마션』

수학자에서 동화 작가로

『이상한 나라의 앨리스』를 쓴 루이스 캐럴Lewis Caroll, 1832~1898
은 이솝, 안데르센과 더불어 세계 3대 동화 작가의 한 사람으
로 꼽힌다. 루이스 캐럴은 필명이고 본명은 찰스 도지슨Charles
Lutwidge Dodgson으로, 그는 원래 옥스퍼드대학의 수학자였지만
이 동화를 계기로 수학자보다는 작가로서 이름을 더 널리 알리
게 되었다.

 캐럴은 우연한 기회를 통해 동화 작가로 데뷔한다. 그는
1862년 7월 4일 옥스퍼드대 부총장의 세 딸과 함께 강으로 놀
러가서 배를 탔다. 캐럴은 무료해하는 세 소녀를 위해 그중 둘
째인 앨리스를 주인공으로 삼고 앨리스가 모험을 펼치는 이야
기를 즉흥적으로 만들어 들려주었다. 이 이야기에 열광한 아이
들은 책으로 낼 것을 권했고 결국 3년 후인 1865년『이상한 나
라의 앨리스』 초판이 출간된다.

 『이상한 나라의 앨리스』는 앨리스가 꿈속에서 토끼 굴에 떨
어져 이상한 나라를 여행하면서 겪는 신비로운 일들을 자유로
운 상상력으로 그려낸 동화이다. 작가가 수학자인 만큼 이 소설
에는 수학적 장치들이 곳곳에 담겨 있고, 철학적인 대화가 들어
있는가 하면 현란한 언어유희가 펼쳐져 일면 난해하다는 평을
듣기도 한다. 환상의 세계를 그리면서도 또 논리가 뒷받침되는
이 동화는 다양한 비유와 상징, 시대 상황에 대한 비판까지 담
고 있다. 이런 복합적인 특성 때문에 수학저술가인 마틴 가드너

는 소설에 대해 설명을 붙인 『주석 달린 앨리스』를 저술하기도 했다. 『이상한 나라의 앨리스』는 현재 174개 국어로 번역되어 동화의 고전으로 자리 잡았으며, 영화, 애니메이션, 뮤지컬로도 제작되어 문화 콘텐츠의 풍부한 원천을 제공하고 있다.

소설 『이상한 나라의 앨리스』
초판 표지

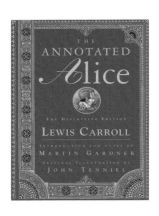

『주석 달린 앨리스』 표지

디즈니 애니메이션 〈이상한 나라의 앨리스〉

『이상한 나라의 앨리스』의 이상한 구구단

『이상한 나라의 앨리스』의 2장 '눈물 연못'에는 다음과 같은 독백이 나온다.

… 4 곱하기 5는 12이고, 4 곱하기 6은 13, 그리고 4 곱하기 7은……. 안 돼! 이런 식으로 가면 20까지 절대 도달하지 못할 거야. …

수학자인 작가가 엉터리 구구단을 내놓았을 리 없고, 이제 이 구구단을 분석해보자.

〈10진법의 수〉

$4 \times 5 = 20 = 18 + 2$ ➡ $10 + 2 = 12$ 〈18진법의 수〉

$4 \times 6 = 24 = 21 + 3$ ➡ $10 + 3 = 13$ 〈21진법의 수〉

$4 \times 7 = 28 = 24 + 4$ ➡ $10 + 4 = 14$ 〈24진법의 수〉

$4 \times 8 = 32 = 27 + 5$ ➡ $10 + 5 = 15$ 〈27진법의 수〉

$4 \times 9 = 36 = 30 + 6$ ➡ $10 + 6 = 16$ 〈30진법의 수〉

$4 \times 10 = 40 = 33 + 7$ ➡ $10 + 7 = 17$ 〈33진법의 수〉

$4 \times 11 = 44 = 36 + 8$ ➡ $10 + 8 = 18$ 〈36진법의 수〉

$4 \times 12 = 48 = 39 + 9$ ➡ $10 + 9 = 19$ 〈39진법의 수〉

$4 \times 13 = 52 = 42 + 10$ ➡ $?$ 〈42진법의 수〉

4 곱하기 5는 분명 20인데, 12라고 말한 것은 18진법을 적용했기 때문이다. 우리가 사용하는 10진법에서는 0부터 9까지가 한 자리 수이고 10이 되면 두 자리 수가 된다. 하지만 18진법에서는 0부터 17까지가 한 자리 수이고 18이 되면 두 자리 수로 올라간다. 10진법의 수 20은 18 + 2이기 때문에 18진법으로 표현하면 12가 된다. 동일한 방식으로 4 곱하기 6은 10진법으로 24이고 24는 21 + 3이기 때문에 21진법을 적용하면 13이 된다.

4단의 결과인 20, 24, 28에 각각 18진법, 21진법, 24진법을 적용하면 그 결과는 각각 12, 13, 14가 된다. 구구단의 결과가 일련의 수가 되기 위해서는 18 → 21 → 24와 같이 적용하는 진법을 3씩 증가시켜야 한다. 앞의 구구단은 다음과 같이 일반화할 수 있다.

$$4 \times 5 \quad \Rightarrow \quad 10 + (5 - 3) \ \langle(3 \cdot 5 + 3)진법의 수\rangle$$

$$4 \times 6 \quad \Rightarrow \quad 10 + (6 - 3) \ \langle(3 \cdot 6 + 3)진법의 수\rangle$$

$$4 \times 7 \quad \Rightarrow \quad 10 + (7 - 3) \ \langle(3 \cdot 7 + 3)진법의 수\rangle$$

$$4 \times n \quad \Rightarrow \quad 10 + (n - 3) \ \langle(3n + 3)진법의 수\rangle$$

이제 왜 20에 도달하지 못한다고 했는지 생각해보자. 4 곱하기 12에 39진법을 적용하면 19가 되므로, 4 곱하기 13에서는 42진법을 적용하면 그 결과는 19에서 1이 증가한 20이 되어야 하지만, 이는 틀린 값이다. 4 곱하기 13은 52로 42 + 10이므로 이를 표현하기 위해서는 10을 나타내는 한 자리 기호가 필요하다. 예를 들어 10을 나타내는 수를 A라고 한다면 10진법의 수 52는 42진법의 수 1A가 되며, 그런 측면에서 20에 도달할 수 없다고 한 것이다.

캐럴이 숨겨놓은 42의 비밀

앞에서 구구단의 행진을 멈추게 만든 수가 42로, 작가는 42에 특별한 의미를 두었다. 한 예로 초판 『이상한 나라의 앨리스』에 실린 존 테니얼의 삽화는 모두 42개이다. 8장 '여왕의 크로케 경기장'에는 하얀색 장미에 붉은색을 칠하고 있는 세 명의 카드 정원사가 등장하는데, 그들의 이름은 둘, 다섯, 일곱이다. 이 세 수 2, 5, 7을 더하면 14이고, 10 이하의 소수 중에서 누락된 3을 곱하면 $14 \times 3 = 42$이다.

캐럴은 『이상한 나라의 앨리스』가 성공하자 속편 『거울 나라의 앨리스』를 내놓는데 여기에도 42와 관련된 흥미로운 사실이 숨어 있다. 5장 '양털과 물'에는 앨리스와 여왕의 나이에 대한 다음과 같은 대화가 나온다.

세 명의 카드 정원사: 둘, 다섯, 일곱

… 저는 정확하게 일곱 살 반이에요.

… 나는 꼭 백한 살하고 다섯 달 하루를 살았단다.

앨리스의 나이는 일곱 살 반이므로 7년 6개월이고 7 × 6 = 42 이다. 그리고 여왕이 나이가 많다는 것을 강조하려면 백 살 정도로 하면 될 텐데 굳이 백한 살하고 다섯 달 하루로 설정한 이유도 42와 관련이 있다. 앨리스는 1852년 5월 4일에 태어났고 일곱 살 반이므로, 이 대화가 이루어진 시점은 1859년 11월 4일이다. 이 시점에서 여왕은 101년 5개월 1일을 살았으므로 여왕의 생일은 1758년 6월 3일이다.

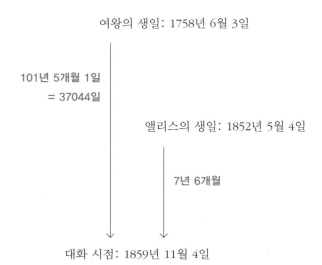

여왕의 생일: 1758년 6월 3일

101년 5개월 1일
= 37044일

앨리스의 생일: 1852년 5월 4일

7년 6개월

대화 시점: 1859년 11월 4일

이제 1758년 6월 3일부터 1859년 11월 4일까지가 며칠인지 계산해보자. 1년의 날수가 365일인 평년과 달리 윤년은 366일인데, 연도가 4의 배수인 해는 윤년이지만 100의 배수인 해는 제외된다. 여왕이 출생한 1758년부터 윤년인 해는 1760년, 1764년, ⋯, 1796년, 1800년 제외, 1804년, 1808년, ⋯, 1856년까지 총 24회이다. 즉, 101년 동안 77회의 평년과 24회의 윤년이 있고, 총 날수는 36889일이 된다.

$$(77회 \times 365일) + (24회 \times 366일) = 36889일$$

이제 6월 3일부터 11월 4일까지의 날수를 구해보자. 6월이 28일, 7월과 8월과 10월은 각각 31일, 그리고 9월은 30일, 그리고 11월의 4일을 더해 5개월 1일의 날수를 계산하면 155일이다.

$$28일 + (3개월 \times 31일) + (1개월 \times 30일) + 4일 = 155일$$

따라서 101년 5개월 1일은 36889일과 155일을 합한 37044일이다. 여기서 37044일은 하얀 여왕의 나이에서 나온 날수이고, 나이가 같은 붉은 여왕과 날수를 합하면 총 74088일이 된다. 그런데 74088은 42의 세제곱인 $42 \times 42 \times 42$이다. 수학자다운 정교한 계산이 깔려 있는 설정임을 알 수 있다.

『거울 나라의 앨리스』의 상반된 설정

『거울 나라의 앨리스』에서는 시간이 뒤바뀌어 설정된다. 이 동화에는 앨리스가 붉은 여왕에게 손목을 잡힌 채 달리는 장면이 나온다. 숨이 차도록 한참 열심히 달렸건만 결국 제자리걸음을 한 사실을 알게 된 앨리스는 이렇게 말한다.

> "우리나라에서는 지금 우리가 한 것처럼 이렇게 오랫동안 열심히 달리면 어딘가에 가 있어야 해요."
> 그러자 붉은 여왕이 대답한다.
> "너희 나라는 느린 나라구나. 여기서는 있는 힘을 다해 달려야 제자리에 머물 수 있단다."

보통의 세계에서는 속도=$\frac{거리}{시간}$이기에 속도가 빨라지면 일정 시간 동안 간 거리가 길어지지만, 거울 나라에서는 이와 반대로 속도=$\frac{시간}{거리}$이라고 정했기 때문에 속도가 빨라짐에 따라 간 거리는 줄어들고 아주 빠른 속도로 달리면 거의 제자리에 머물게 된다. 다음 문장에도 선후가 뒤바뀌는 반전이 들어 있다.

> "먼저 나누어주고 그다음에 잘라!"

자른 후 나누어주는 것이 아니라 나누고 자르라고 언급한다. 이처럼 체계적으로 모든 것을 상반되게 설정한 『거울 나라의 앨리스』에는 수학적 상상력이 듬뿍 담겨 있다.

영화화된 소설 『마션』

화성 선전용 책자라고도 불리는 앤디 위어의 과학소설 『마션 Martian』에도 진법이 등장한다. 수성인이나 금성인이라는 단어는 없지만 화성인을 뜻하는 'Martian'이라는 단어가 별도로 있는 것은 화성에 생명체가 존재할 가능성이 높음을 방증한다. 소설 『마션』은 2015년 리들리 스콧 감독에 의해 영화화되었는데, 영화 〈마션〉은 우리나라에서도 큰 반향을 일으킨 화제작이었다. 〈마션〉은 화성 탐사 중 모래폭풍을 만나 화성에 홀로 남겨진 탐사대원 마크 와트니(맷 데이먼)가 생존을 위해 벌이는 사투와 그의 구출 작전을 감동적으로 그려낸다. 식물학자인 와트니는 자신의 지식을 총동원하여 감자를 키워 식량을 해결하고 자신이 살아 있음을 지구에 알려 마침내는 우주에서 구조선과 도킹하여 생환한다.

소설 『마션』 표지   영화 〈마션〉 포스터

〈마션〉은 와트니 한 명을 구하기 위한 미국식 영웅주의가 깔려 있어 〈라이언 일병 구하기〉, 과학 지식으로 무장하여 〈인터스텔라〉, 무인도 표류기와 비슷하여 〈캐스트 어웨이〉가 결합된 영화라고 한다. 또한 화성에서 하루하루 먹고사는 문제이므로 TV 프로그램의 제목을 패러디하여 '화성판 삼시세끼'라고도 한다. 와트니를 구출하는 과정에서 중국의 전폭적인 협조는 영화 제작에 중국 자본이 유입되지 않았는지 의심하게 만든다.

16진법의 아스키코드를 이용하여 미국항공우주국과 교신

〈마션〉은 과학적 사실에 상상력이 가미된 영화로 수학 관점에서도 눈이 번쩍 뜨일 만한 내용이 나온다. 와트니는 지구와 교신하기 위해 1997년 화성에 버려진 우주선 패스파인더를 찾아내고 그 안에 있던 회전거울과 동료 대원이 두고 간 아스키코드 ASCII: American Standard Code for Information Interchange 표를 이용한다. 미국정보교환표준부호인 아스키코드는 $128(= 2^7)$개의 수로 구성된다. 16진법에서는 0부터 15까지가 한 자리 기본수이므로, 0부터 9까지는 10진법과 공통이고, 10진법의 수 10, 11, 12, 13, 14, 15에 해당하는 16진법의 수를 각각 A, B, C, D, E, F로 정한다. 이제 10진법의 수 16은 16진법의 수 10이 되고, 10진법의 수 17은 16진법의 수 11이 되며, 마지막의 127은 7F가 된다. 다음 아스키코드 표에는 0부터 127까지의 10진법의 수 옆에 16진법의 수가 병기되어 있고, 각각에 대응되는 알파벳 52개(대

문자 26개, 소문자 26개), 아라비아 숫자 10개, 특수문자 33개,
제어문자 33개가 적혀 있다.

10진법의 수	16진법의 수	문자	10진법의 수	16진법의 수	문자
0	0	NUL (null)	64	40	@
1	1	SOH (start of heading)	65	41	A
2	2	STX (start of text)	66	42	B
3	3	ETX (end of text)	67	43	C
4	4	EOT (end of transmission)	68	44	D
5	5	ENQ (enquiry)	69	45	E
6	6	ACK (acknowledge)	70	46	F
7	7	BEL (bell)	71	47	G
8	8	BS (backspace)	72	48	H
9	9	TAB (horizontal tab)	73	49	I
10	A	LF (line feed)	74	4A	J
11	B	VT (vertical tab)	75	4B	K
12	C	FF (form feed)	76	4C	L
13	D	CR (carriage return)	77	4D	M
14	E	SO (shift out)	78	4E	N
15	F	SI (shift in)	79	4F	O
16	10	DLE (data link escape)	80	50	P
17	11	DC1 (device control 1)	81	51	Q
18	12	DC2 (device control 2)	82	52	R
19	13	DC3 (device control 3)	83	53	S
20	14	DC4 (device control 4)	84	54	T
21	15	NAK (negative acknowledge)	85	55	U
22	16	SYN (synchronous idle)	86	56	V
23	17	ETB (end of trans. block)	87	57	W
...	...	...	...	...	...
63	3F	?	127	7F	[DEL]

미국항공우주국NASA: National Aeronautics and Space Administration과 와
트니가 주고받은 대화는 HOW ALIVE(어떻게 화성에 살아남았
는지) CROPS(농작물을 키웠는지) 등이다. 이 메시지를 전달하
기 위해 HOW ALIVE와 CROPS에 대응되는 아스키코드의 16
진법의 수를 적는다.

```
H  O  W      A  L  I  V  E          C  R  O  P  S
48 4F 57     41 4C 49 56 45         43 52 4F 50 53
```

미국항공우주국과 와트니는 바닥에 큰 원을 그리고 원을 4등
분한 후 각 사분면을 다시 4등분하여 원을 16개의 영역으로 등
분한다. 그러면 원을 이루고 있는 360°를 16등분한 것이므로 각
영역은 중심각이 약 22.5°인 부채꼴이 된다. 이제 16개의 영역
을 0부터 15까지로 정하고, 회전거울이 16개의 영역 중 특정한
영역을 가리키도록 한다. 만약 H인 48을 나타내려면 회전거울
이 4를 가리키도록 하고 그다음에는 8을 가리키도록 하여 메시
지의 알파벳 하나하나를 원시적인 방법으로 송신한다.

5진법, 20진법, 60진법

역사적으로 가장 빈번하게 나타난 진법은 10진법이다. 10진법
이 대표적인 진법으로 자리 잡은 가장 중요한 이유는 인간의 손
가락이 10개이기 때문이다. 그렇다면 지구 상에는 10진법만 존

재하는 것일까? 수학의 역사를 살펴보면 시대와 지역에 따라 10진법 이외에도 다양한 진법이 사용되어 왔음을 알 수 있다. 마야에서는 20진법을 사용했고, 남아메리카의 한 종족은 한 손의 손가락 5개를 기준으로 하여 one, two, three, four, hand, hand and one, hand and two, …와 같이 수를 세는 5진법을 사용했다. 바빌로니아에서는 60진법을 사용했는데, 관측에 의해 지구의 공전 주기가 360일 정도가 된다는 사실을 알고 있던 바빌로니아인들은 태양의 모양인 원을 360으로 생각하고 360을 6등분한 60을 기준으로 삼았다.

화성에서는 원이 680°일 수도 있다

60진법의 출발점이 된 것은 360 때문으로 원을 360등분하여 1°로 삼은 것은 모두 지구의 공전 주기와 관련된다. 그렇다면 재미있는 상상을 해볼 수 있다. 화성의 공전 주기는 687이므로 만약 화성에 문명을 이룬 화성인이 존재한다면 그들은 원을 대략 680으로 등분하여 각의 단위로 삼았을 가능성도 있다. 그런 면에서 호도법의 가치를 재평가할 수 있다.

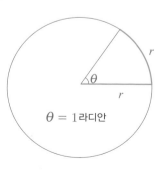

θ = 1라디안

호도법에서 각의 단위인 1라디안radian은 반지름의 길이가 r인 원에서 호의 길이가 r인 부채꼴의 중심각의 크기를 말하는데, 약 57.2958°이다. 우리에게 익숙한 60분법의 도(°)가 지구의 공전 주기와 밀접하게 관련된 특수한 단위라면, 호도법의 라디안은 지구뿐 아니라 어느 행성에서도 통하는 보편적인 단위라고 할 수 있다.

02

오일러의 공식
&
소설 『박사가 사랑한 수식』

소설로 영화로

『박사가 사랑한 수식』은 2004년 요미우리 소설상과 제1회 서점대상을 수상한 일본의 베스트셀러 소설로, 그 인기에 힘입어 2006년 영화로도 제작되었다. 주인공인 64세의 수학 박사는 47세에 불의의 교통사고를 당했는데 그 이후 그에게서 시간은 멈추어 있다. 현재는 기억이 80분밖에 지속되지 않기에, 80분이 지나면 뇌가 리부팅되면서 그동안의 기억은 사라져버린다. 모든 사물과 현상을 수의 관점에서 바라보는 박사에게 수는 바깥 세계와 소통하는 통로이다. 등장인물은 단출하여 박사, 그를 돌보는 가정부 교코와 교코의 아들 루트, 그리고 박사의 형수인데, 소설은 교코의 관점에서 전개되고 영화는 수학 교사가 된 루트가 과거를 회고하는 방식으로 그려진다.

소설 『박사가 사랑한 수식』 표지 　　　　영화 〈박사가 사랑한 수식〉 포스터

박사와 하디의 수학관

사실 이 소설과 영화를 처음 접했을 때는 다소 개연성 없이 등장하는 수학 내용으로 인해 스토리의 전개가 부자연스럽다는 느낌이 없지 않았다. 그러나 두 번째 감상할 때는 아름다운 수의 세계에 빠진 박사의 맑은 영혼에 빙의된 것처럼 스토리에 몰입했다. 이 작품에 드러난 박사의 수학관은 영국의 수학자 하디 Godfrey H. Hardy, 1877 ~ 1947의 생각과 유사하다. 하디는 만년에 29개의 수필로 구성된 『어느 수학자의 변명』이라는 책을 저술했다. 하디는 이 책에서 마치 수학의 정리를 증명하듯 정선된 용어로 간결하게 수학에 대한 생각을 담아냈는데, 쪽수가 얼마 되지 않는 가벼운 책이지만 이에 담긴 생각은 결코 가볍지 않다.

하디에게 있어 수학자는 화가나 시인과 같이 패턴을 창조하는 예술가이다. 미술 작품은 색깔과 형태를 통해, 시는 언어와 운율을 통해 아름다움을 빚어내는 것처럼 수학은 아이디어를 조화롭게 배열하여 아름다움을 만들어내는 예술이라고 보았다. 하디는 실용성, 유용성에 함몰되지 않는 수학의 순수성을 강조했고, 그런

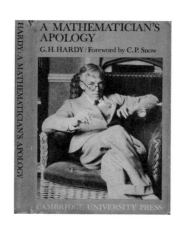

하디의 『어느 수학자의 변명』 표지

면에서 쓸모없는 수학이 더 매력적이라고 보았다. 역설적으로 들리겠지만 수학이 다른 무엇을 위해 구체적으로 소용되지 않을 때 그 자체로 더 아름답고 고결하다는 것이다. 소설의 주인공인 박사 역시 하디와 마찬가지로 수학의 순수성과 심미성에 대한 강한 신념을 드러낸다. 하디는 영국 케임브리지대학의 교수였고, 박사는 그 대학에서 학위를 취득했다는 설정에서도 둘 사이의 연결고리를 찾을 수 있다.

n계승, n!

『박사가 사랑한 수식』에는 다양한 수학 개념이 등장한다. 예를 들어 박사와 교코의 첫 대면에서 박사는 교코에게 신발 사이즈를 묻는다. 교코가 24라고 답하는 순간 박사는 24가 4의 계승, 즉 $4! = 4 \times 3 \times 2 \times 1$이기 때문에 고결한 수라고 응대하고, 교코의 전화번호가 576-1455라고 하면 박사는 1부터 1억까지 소수素數의 개수가 5761455개이기 때문에 대단한 전화번호라고 감탄한다.

　박사는 소수가 어떤 수로도 나누어지지 않고 그 자체로 고고한 수이기 때문에 밤하늘에 떠 있는 별과 같이 영롱한 존재이고, 또 소수는 별과 같이 무수히 많다는 성질도 이야기한다. 박사는 기억의 한도가 80분이기 때문에 매일 아침 교코를 만날 때마다 새로운 인물로 인식하여 신발 사이즈와 전화번호를 반복하여 묻는다.

친화수와 부부수

박사는 교코의 생일인 2월 20일을 연이어 적은 220과 자신의 시계에 새겨진 번호 284가 친화수Amicable number(소설에서는 '우애수'라고 명명함)이기 때문에 신의 손길로 인연을 맺은 특별한 관계라고 말한다. 친화수는 자기 자신을 제외한 약수의 합이 서로 같은 두 수를 말한다. 220의 자기 자신을 제외한 약수 1, 2, 4, 5, 10, 11, 20, 22, 44, 55, 110을 모두 더하면 284가 되고, 마찬가지로 284의 자기 자신을 제외한 약수 1, 2, 4, 71, 142를 모두 더하면 220이 된다. 17세기를 대표하는 수학자 페르마는 친화수 (17296, 18416)을, 데카르트는 (9363584, 9437056)을 찾아냈다. 1866년 이탈리아의 16세 소년 파가니니는 (1184, 1210)을 찾아냈는데, 이는 (220, 284) 바로 다음의 친화수로 수학자들도 지나쳤던 친화수를 알아낸 것이다. 영화에서 친화수는 더없이 친밀한 친구가 되는 박사와 교코의 관계를 암시하는 복선으로 작용한다.

친화수와 유사한 것으로 부부수Betrothed number도 있다. 부부수란 1과 자기 자신을 제외한 약수의 합이 서로 같은 두 수로, 친화수는 약수 중 자기 자신만 제외했지만 부부수는 1과 자기 자신을 모두 제외한다. 예를 들어 48에서 1과 자기 자신을 제외한 약수를 모두 더하면 $2 + 3 + 4 + 6 + 8 + 12 + 16 + 24 = 75$이고, 75에서 1과 자기 자신을 제외한 약수를 모두 더하면 $3 + 5 + 15 + 25 = 48$이 된다. 그 외에 (140, 195), (1050,

1925), (1575, 1648)도 부부수이다. 친화수는 짝수끼리의 쌍이거나 홀수끼리의 쌍이 되는 데 반해, 부부수는 모두 짝수와 홀수의 쌍으로 알려져 있다(아직 증명되지는 못하였다). 흔히 수에 의미를 부여할 때 짝수는 여성, 홀수는 남성을 나타내는데, 부부수라는 명칭은 짝수와 홀수, 즉 여성과 남성의 결합이라는 의미로 붙여졌다.

루스-아론 쌍

박사는 교코의 아들에게 루트라는 별명을 붙여주는데, 그의 머리의 모양이 제곱근 기호인 루트 $\sqrt{}$ 와 같이 평평하기 때문이다. 또한 루트라는 이름에는 모든 수를 품는 제곱근의 관대함과 공평함을 닮으라는 박사의 바람이 담겨 있기도 하다. 박사는 루트가 수학 문제 푸는 것을 도와주고 수학에 대한 이야기를 들려주면서 루트가 수학 교사로 성장하는 데 지대한 영향을 미친다.

수학 이외에 박사와 루트를 매개해주는 것은 야구이다. 두 사람 모두 한신 타이거즈의 열혈 팬이다. 물론 박사의 기억은 사고가 발생한 1975년에 멈추어 있기에 박사와 루트가 생각하는 팀과 선수는 같지 않다. 박사의 기억에 남아 있는 야구 선수들은 이미 은퇴한 지 오래인 것이다.

루트의 야구 경기를 관람하기 위해 교코와 함께 야구장을 방문한 박사는 좌석 번호 7-14, 7-15로부터 루스-아론 쌍 Ruth-Aaron pair을 떠올린다. 전설적인 야구 선수 베이브 루스

베이브 루스(714호 홈런)　　　　　　행크 아론(715호 홈런)

는 1935년 홈런 714개로 기록을 세웠는데 이 기록은 1974
년 행크 아론의 715호 홈런에 의해 깨진다. 그런 연유로 붙
여진 루스-아론 쌍은 714와 715와 같이 소인수의 합이 같
은 연속된 두 수를 말한다. 714와 715를 소인수분해하면
$714 = 2 \times 3 \times 7 \times 17$, $715 = 5 \times 11 \times 13$이고, 소인수의 합은
$2 + 3 + 7 + 17 = 29 = 5 + 11 + 13$으로 서로 같다. 또한 5와 6,
77과 78도 루스-아론 쌍이다.

$$714 = 2 \times 3 \times 7 \times 17, \ 715 = 5 \times 11 \times 13 \ \Rightarrow \ 2 + 3 + 7 + 17 = 29 = 5 + 11 + 13$$

$$5 = 5, \ 6 = 2 \times 3 \ \Rightarrow \ 5 = 2 + 3$$

$$77 = 7 \times 11, \ 78 = 2 \times 3 \times 13 \ \Rightarrow \ 7 + 11 = 18 = 2 + 3 + 13$$

오일러의 공식

소설과 영화 제목이 지칭하는 '박사가 사랑한 수식'은 '오일러의
공식'으로, 오일러가 남긴 수많은 식 중에서 $e^{\pi i} + 1 = 0$을 말한

다. 오일러의 공식에는 0과 1, 자연로그의 밑 e, 원주율 π, 허수 i와 같이 중요한 5개의 수가 덧셈, 곱셈, 거듭제곱, 그리고 등호로 절묘하게 결합되어 있다. e와 π는 복합적인 성질을 지닌 무리수이고 허수 i는 제곱해서 -1이 되는 가상의 수인데, 오일러의 공식에는 이런 수들이 모두 등장하면서 간명한 식으로 함축되어 있다. 실제 학술지《더 매스매티컬 인텔리전서The Mathematical Intelligencer》는 수학자들을 대상으로 투표를 실시하여 1990년에 가장 아름다운 공식 5개를 발표했는데, 오일러는 이 공식을 포함하여 당당히 3개에 이름을 올렸다. 또 다른 공식은 다면체에서 꼭짓점의 개수 V, 모서리의 개수 E, 면의 개수 F 사이에 $V - E + F = 2$의 관계가 성립한다는 오일러의 다면체 정리이고, 나머지 하나는 바젤 문제로 알려진 π에 대한 무한급수이다.(원주율의 역사에 대한 342쪽 참고)

　소설에서 오일러의 공식을 묘사하는 대목은 다음과 같이 감성적인 문장으로 표현되어 있는데, 다소 과장되게 해석한 경향이 없지 않다.

'하늘에서 π가 e 곁으로 내려와 수줍음 많은 i와 악수를 한다.
그들이 서로 몸을 마주 기대어 숨죽이고 있는데,
한 인간이 1을 더하는 순간 세계가 전환된다.
모든 것이 0으로 규합된다.'

영화에서 루트가 오일러의 공식을
칠판에 적고 설명하는 장면

오일러의 공식에 대한 증명

오일러의 공식이 성립한다는 것을 다음을 통해 이해해보자.

$f(x) = \cos x + i \sin x$라고 하자.

$if(x) = i \cos x - \sin x$이고 $f'(x) = -\sin x + i \cos x$이므로

$if(x) = f'(x)$, $i = \dfrac{f'(x)}{f(x)}$가 된다.

양변을 x에 대해 적분하면 $\displaystyle \int i\, dx = \int \dfrac{f'(x)}{f(x)}\, dx$이므로

$ix + C = \ln f(x)$이다. 양변에 자연로그를 취하면

$e^{ix+C} = f(x) = \cos x + i \sin x$이고 $f(0) = e^{C} = 1$이므로

$C = 0$이고 $e^{ix} = \cos x + i \sin x$가 된다.

마지막으로 $x = \pi$를 이 식에 대입하면

$e^{i\pi} = \cos \pi + i \sin \pi = -1$이 된다.

$e^{\pi i} = -1$ vs $e^{\pi i} + 1 = 0$

이 작품을 보는 또 하나의 재미는 박사와 형수의 로맨스로, 오일러의 공식은 박사와 형수의 관계를 나타내는 수학적 은유이다. 박사가 형의 도움으로 영국 유학을 마치고 대학 연구소에 취직을 할 무렵 형이 사망했다. 그 후 박사가 교통사고를 당하기 전까지의 기간 동안 박사와 미망인인 형수 사이에는 미묘한 감정이 형성된다. 소설에서는 둘의 관계가 젊은 시절 함께 찍은 사진을 통해 암묵적으로만 그려지지만, 영화에서는 그 관계가 좀 더 자세히 조명된다. 박사가 젊었을 때 형수에게 보낸 편지에는 오일러의 공식이 $e^{\pi i} = -1$로 적혀 있는데, 이는 이루어지기 어려운 둘의 관계를 나타내기 위해 상실을 의미하는 음수를 동원한 것으로 볼 수 있다. 영화의 마지막 부분에서 교코와 형수가 다툼을 벌일 때 박사가 오일러의 공식을 전달해 형수의 오해를 풀어주는데, 이때는 우변의 -1을 좌변으로 이항하여 $e^{\pi i} + 1 = 0$으로 적는다. 식의 좌변에 있는 e, π, i, 1이 결합하여 완벽한 무無의 상태인 0으로 귀결되었으므로, 박사는 이 식을 통해 안정적인 상태를 나타내고자 한 것으로 해석할 수 있다.

영화의 엔딩

영화의 마지막 부분에서 박사는 바닷가에서 28번이 새겨진 야구 유니폼을 입고 루트와 야구를 즐긴다. 박사의 기억이 멈춘 지점에 남아 있는 최고의 야구 선수는 한신 타이거즈의 에이스

였던 에나츠로, 28은 당시 그의 등번호이자 완전수이기도 하
다. 영화의 엔딩 장면에서는 윌리엄 블레이크의 시 「순수의 전
조」의 첫 구절이 흑백으로 지나간다.

순수의 전조

한 알의 모래에서 세계를 보고
한 송이 들꽃에서 천국을 보기 위해
손바닥 안에 무한을 담고
시간 속에 영원을 붙잡아라.
⋯ (후략) ⋯

03

인도의 수학
&
소설 『신』

베르베르의 소설 『신』

베르나르 베르베르의 소설에는 문학적인 요소 이외에 종교와 철학 등의 인문학적인 통찰과 수학 지식까지 배어 있다. 베르베르의 소설 『신』은 준비에서 출간까지 9년이나 걸린 역작으로, 프랑스에서만 100만 부 이상 팔린 베스트셀러이다. 『신』에서는 인류의 운명을 놓고 신이 되기 위해 후보생들이 벌이는 게임이 흥미진진하게 그려진다. 베르베르의 소설에 자주 등장하는 인물이 미카엘 팽송인데, 『신』에서 미카엘 팽송이 사는 빌라의 주소는 142857호이다. 여기서 등장하는 수 142857은 독특하고 매력적인 성질을 가지고 있다.

다음은 『신』의 58절에 나오는 구절이다. 마지막 출처에 에드몽 웰즈의 『상대적이며 절대적인 지식의 백과사전』이라고 적혀 있지만, 실제 이 책의 저자는 베르베르 자신이다.

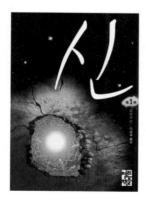

소설 『신』 표지   베르나르 베르베르

58. 백과사전 : 142857

여러 가지 이야기를 들려주는 신비로운 수가 하나 있다. 142857이 바로 그것이다. 먼저 이 수에 1부터 6까지를 차례로 곱하면 어떻게 되는지 알아보자.

$$142857 \times 1 = 142857$$
$$142857 \times 2 = 285714$$
$$142857 \times 3 = 428571$$
$$142857 \times 4 = 571428$$
$$142857 \times 5 = 714285$$
$$142857 \times 6 = 857142$$

이렇듯 언제나 똑같은 숫자들이 자리만 바꿔가며 나타난다. 그럼 142857×7은?

999999이다!

그런데 $142 + 857 = 999$이고, $14 + 28 + 57 = 99$이다.

142857의 제곱은 20408122449이다. 이 수는 20408과 122449로 이루어져 있다. 이 두 수를 더하면……

142857이 된다.

에드몽 웰즈『상대적이며 절대적인 지식의 백과사전』제5권

142857과 $\frac{1}{7}$

142857에 1부터 6까지의 수를 곱했을 때 나오는 수들을 살펴보면 142857이 반복됨을 알 수 있다. 일면 신기해 보이는 이 성질이 왜 성립하는지 알아보기 위해 $\frac{1}{7}$을 소수로 나타내보자. $\frac{1}{7}$은 소수점 아래의 숫자가 유한개가 아니라 $0.142857142857\cdots$로 순환마디 142857이 무한히 반복되는 순환소수이다. 이제 $\frac{1}{7}$에 10, 100, 1000, 10000, 100000, 1000000을 각각 곱하고 그 값을 정수 부분과 소수 부분으로 분해해보자. 그러면 $\frac{2}{7}, \frac{3}{7}, \frac{4}{7}, \frac{5}{7}, \frac{6}{7}$은 각각 6자리의 순환마디를 가지는데 이 순환마디는 142857이 자리바꿈한 것임을 알 수 있다.

$$\frac{1}{7} \times 10 = \frac{10}{7} = 1 + \frac{3}{7} = 1.42857142857\cdots = 1 + 0.42857142857\cdots$$

$$\blacktriangleright \quad \frac{3}{7} = 0.428571\cdots$$

$$\frac{1}{7} \times 100 = \frac{100}{7} = 14 + \frac{2}{7} = 14.2857142857\cdots = 14 + 0.2857142857\cdots$$

$$\blacktriangleright \quad \frac{2}{7} = 0.285714\cdots$$

$$\frac{1}{7} \times 1000 = \frac{1000}{7} = 142 + \frac{6}{7} = 142.857142857\cdots = 142 + 0.857142857\cdots$$

$$\blacktriangleright \quad \frac{6}{7} = 0.857142\cdots$$

$$\frac{1}{7} \times 10000 = \frac{10000}{7} = 1428 + \frac{4}{7} = 1428.57142857\cdots = 1428 + 0.57142857\cdots$$

$$\blacktriangleright \quad \frac{4}{7} = 0.571428\cdots$$

$$\frac{1}{7} \times 100000 = \frac{100000}{7} = 14285 + \frac{5}{7} = 14285.7142857\cdots = 14285 + 0.7142857\cdots$$

$$\blacktriangleright \quad \frac{5}{7} = 0.714285\cdots$$

$$\frac{1}{7} \times 1000000 = \frac{1000000}{7} = 142857 + \frac{1}{7} = 142857.142857\cdots = 142857 + 0.142857\cdots$$

$$\blacktriangleright \quad \frac{1}{7} = 0.142857\cdots$$

142857에 1부터 6까지의 수를 곱했을 때 나오는 수들 역시 $\frac{2}{7}$, $\frac{3}{7}$, $\frac{4}{7}$, $\frac{5}{7}$, $\frac{6}{7}$의 순환마디와 연관됨을 알 수 있다.

$$142857 \times 1 = 142857 \quad\Leftrightarrow\quad \frac{1}{7} = 0.142857\cdots$$
$$142857 \times 2 = 285714 \quad\Leftrightarrow\quad \frac{2}{7} = 0.285714\cdots$$
$$142857 \times 3 = 428571 \quad\Leftrightarrow\quad \frac{3}{7} = 0.428571\cdots$$
$$142857 \times 4 = 571428 \quad\Leftrightarrow\quad \frac{4}{7} = 0.571428\cdots$$
$$142857 \times 5 = 714285 \quad\Leftrightarrow\quad \frac{5}{7} = 0.714285\cdots$$
$$142857 \times 6 = 857142 \quad\Leftrightarrow\quad \frac{6}{7} = 0.857142\cdots$$

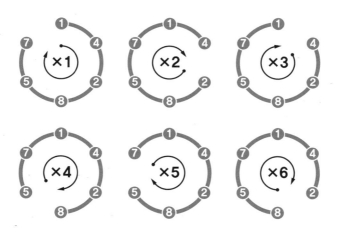

142857을 분해하여 더하기

142857에 2부터 6까지의 수를 곱했을 때와 달리, 7을 곱하면 9로만 이루어진 수 999999가 된다. 앞의 연장선상에서 142857×7과 $\frac{7}{7}$을 연결시켜 생각해볼 수 있다.

$$142857 \times 7 = 999999 \iff \frac{7}{7} = 0.999999\cdots = 1$$

그런데 142857은 9로만 이루어진 수와 또 다른 연관성을 맺는다. 『신』에 나오는 것처럼 142857을 세 자리씩 나누어 더하면 $142 + 857 = 999$이고, 두 자리씩 나누어 더하면 $14 + 28 + 57 = 99$이다. 그런데 142857에 2, 3, 4, 5, 6을 곱한 수에서도 동일한 특징이 발견된다. 즉, 아래와 같이 142857에 2, 3, 4, 5, 6을 곱한 여섯 자리 수를 각각 세 자리 수로 분해하여 더하면 999가 된다.

$$142857 \times 2 = 285714 \implies 285 + 714 = 999$$
$$142857 \times 3 = 428571 \implies 428 + 571 = 999$$
$$142857 \times 4 = 571428 \implies 571 + 428 = 999$$
$$142857 \times 5 = 714285 \implies 714 + 285 = 999$$
$$142857 \times 6 = 857142 \implies 857 + 142 = 999$$

카프리카 수

카프리카 수Kaprekar number는 어떤 수의 제곱수를 앞자리 수와 뒷자리 수로 나누고 더했을 때 원래의 수와 같아지는 경우를 말한다. 우선 모든 자릿값의 수가 9인 수들은 카프리카 수이다. 예를 들어 9를 제곱한 81에서 8 + 1 = 9이고, 99의 경우도 이를 제곱한 9801을 분해

카프리카

하여 더하면 98 + 1 = 99가 되므로 카프리카 수이다.

『신』에 언급된 바와 같이 142857의 제곱은 20408122449이고, 이를 20408과 122449로 분해하여 더하면 142857이 된다. 142857 이외의 카프리카 수로는 45, 55, 703, 2728, 5292, 857143 등이 있다.

카프리카 수	제곱수	제곱수를 분해하여 더한 값
45	$45^2 = 2025$	20 + 25 = 45
55	$55^2 = 3025$	30 + 25 = 55
703	$703^2 = 494209$	494 + 209 = 703
2728	$2728^2 = 7441984$	744 + 1984 = 2728
5292	$5292^2 = 28005264$	28 + 5264 = 5292
857143	$857143^2 = 734694122449$	734694 + 122449 = 857143

카프리카 수는 인도의 수학 교사인 카프리카D. R. Kaprekar, 1905 ~ 1986의 이름을 딴 것이다. 카프리카는 공식적인 대학원 교

육을 받지 못했지만, 평생 수학을 가르치면서 수의 성질을 연구하여 새로운 개념들을 만들어냈다.

카프리카 수 찾기

카프리카 수를 찾기 위해 어떤 수의 제곱수가 두 자리 수인 가장 간단한 경우를 살펴보자. 카프리카 수 n이 $a + b$로 표현될 때 이 수의 제곱은 $(a + b)^2$이고, 앞자리 수와 뒷자리 수로 나누어 더한 수는 $10a + b$가 되며, 이 두 수가 같아야 하므로 $(a + b)^2 = 10a + b$이다. 이를 정리하면

$$a^2 + 2ab + b^2 = 10a + b$$

$$a^2 + 2ab - 10a + b^2 - b = 0$$

$$a^2 + 2a(b - 5) + (b^2 - b) = 0$$

이다. a에 대한 이차방정식으로 보고 근의 공식을 적용하면,

$$a = (5 - b) \pm \sqrt{(b - 5)^2 - (b^2 - b)} = (5 - b) \pm \sqrt{25 - 9b}$$

이다. a와 b는 자연수이고, 제곱근 안의 수 $25 - 9b$는 양수이므로 b는 1 또는 2이다. 그런데 제곱근 안이 제곱수가 되는 경우는 $b = 1$이고, 이를 대입하면 $a = 8$이 된다. 즉, 카프리카 수 $n = a + b = 8 + 1 = 9$이다.

하샤드 수

소설 『신』에서 언급되지는 않았지만 142857이 가지고 있는 또 하나의 특징은 하샤드 수라는 점이다. 하샤드란 산스크리스어로 '기쁨을 주는'이라는 뜻인데, 하샤드 수Harshad number란 어떤 수가 그 수의 자릿값에 있는 수들의 합으로 나누어떨어지는 경우를 말한다. 이런 수는 수학자에게 큰 지적 즐거움을 준다는 측면에서 붙여진 이름으로, 역시 카프리카가 만들어낸 개념이다. 142857의 경우 그 자릿값의 수를 모두 더하면 $1 + 4 + 2 + 8 + 5 + 7 = 27$이고, 142857은 27로 나누면 나누어떨어지기 때문에 하샤드 수가 된다.

카프리카 상수

카프리카는 카프리카 수, 하샤드 수에 이어 카프리카 상수의 개념도 정의했다. 카프리카 상수Kaprekar constant란 모든 자릿값의 수가 같지 않은 임의의 세 자리 혹은 네 자리 수에서 특정한 방식으로 빼는 과정을 반복할 때 수렴하는 수를 말한다. 여기서 특정한 방식이란 주어진 수의 자릿값의 수로 만들 수 있는 가장 큰 수에서 가장 작은 수를 빼는 것을 말하며, 세 자리와 네 자리 카프리카 상수는 각각 495와 6174이다. 예를 들어 213의 경우 자릿값의 수를 재배열하여 만들 수 있는 가장 큰 수에서 가장 작은 수를 빼면 $321 - 123 = 198$이 된다. 198에 대해서 동일한 과정을 적용하면 $981 - 189 = 792$가 된다. 마찬가지 과정을

792에 적용하면 972 − 279 = 693, 693에 대해 적용하면 963 − 369 = 594, 594에 대해 적용하면 954 − 459 = 495이다. 이제 495에 대해 이 과정을 적용하면 954 − 459 = 495가 반복되므로, 카프리카 상수는 495이다.

　세 자리 카프리카 상수 495가 도출되는 과정을 정리한 표는 다음과 같다. 카프리카 상수를 구할 때 1부터 999까지의 999개의 수 중에서 세 자릿값의 수가 모두 같은 111, 222, …, 999의 9가지 수는 제외하고, 990개의 수는 모두 7단계 내에 495로 수렴한다.

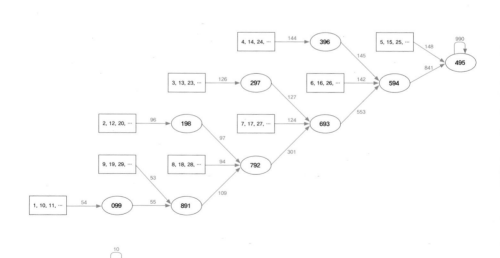

표에서 왼쪽 하단 네모 상자 안에 적힌 1, 10, 11을 포함하여 54개의 수(화살표 위에 개수가 표시되어 있음)에 대해 이 과정을 적용하면 99가 된다. 예를 들어 11은 011로 볼 수 있고, 이 자릿값의 수로 만들 수 있는 가장 큰 수는 110이고 가장 작은 수는 11이므로 그 차이는 99가 된다. 이를 통해 넘어온 54개의 수와 99를 포함한 55개의 수에 대해 이 과정을 적용해보자. 99는 099로 볼 수 있고, 이 자릿값의 수로 만들 수 있는 가장 큰 수는 990이고 가장 작은 수는 99이므로 그 차이는 891이 된다. 그런데 891은 다른 수에서도 만들어진다. 표에서 99 상단에 있는 네모 상자 안에 적힌 9, 19, 29를 포함하여 53개의 수에 이 과정을 적용하면 891이 된다. 이제 891로 귀결된 55개의 수와 53개의 수, 그리고 891을 합해 모두 109개의 수에 대해 이 과정을 적용하면 792가 된다. 이러한 과정을 반복하면 693, 594를 거쳐 결국 카프리카 상수 495로 귀결된다.

무無를 숫자로 표현한 0

카프리카 상수와 같이 수의 독특한 성질을 연구한 인도는 전통적으로 수학 강국이다. 한 예로 아라비아 숫자는 원래 인도에서 만들어진 것이고 아라비아는 전달자의 역할만 했다. 아라비아 숫자와 같은 위치적 수체계에서는 비어 있는 자리를 나타내는 0의 존재가 필수적인데, 인도는 0의 개념을 일찍이 받아들였다. 인도인들은 종교적으로 '무無'에 심오한 의미를 두었기에, 없음을 숫자로 표현한 0을 거부감 없이 수용할 수 있었다. 영어에서 0에 해당하는 zero와 cipher의 어원을 따지다 보면 산스크리트어로 '공허한', '비어 있는'을 뜻하는 sunya와 만나게 된다.

인도의 수학은 우리나라와 전 세계의 학교수학에 현재진행형으로 영향을 미치고 있다. 인도에서 19단까지 가르친다고 하여 우리나라에서 19단 열풍이 일어나기도 했고, 간편하고 신기한 계산법을 제공하는 인도의 베다수학Vedic Mathematics이 크게 유행하기도 했다.

바스카라의 딸을 위한 『릴라바티』

인도는 수학의 발전을 이끄는 중요한 축을 담당하면서 다수의 수학자를 배출했다. 커다란 족적을 남긴 인도 수학자 중의 한 사람은 우자인 천문대의 책임자였던 바스카라Bhaskara II, 1114~1185이다. 『릴라바티Lilavati』는 바스카라가 자신의 딸 릴라바티를 위해 수학 문제를 시로 표현한 책으로, 13개의 장으로 구성되는데 그중 3장의 54번째 시는 다음과 같다.

"목걸이가 끊어져서 진주들이 흩어졌소. 목걸이를 이루고 있는 진주의 $\frac{1}{6}$은 바닥에 떨어졌고, $\frac{1}{5}$은 침대에 떨어졌고, $\frac{1}{3}$은 어린 여자아이가 주웠고, $\frac{1}{10}$은 연인이 주웠다고 하오. 그러고 나서 목걸이에 6개의 진주가 남아 있다면, 목걸이에는 모두 몇 개의 진주가 있었겠소?"

목걸이를 이루고 있는 진주의 개수를 x라고 하고, 문제에서 주어진 조건을 식으로 표현하면 다음과 같다.

$$x - \frac{x}{6} - \frac{x}{5} - \frac{x}{3} - \frac{x}{10} = 6$$

이 일차방정식을 풀면 $\left(1 - \frac{1}{3} - \frac{1}{5} - \frac{1}{6} - \frac{1}{10}\right)x = \frac{1}{5}x = 6$이므로, $x = 30$이다.

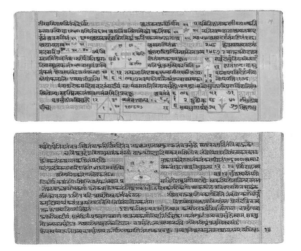

바스카라의 『릴라바티』

거꾸로 방정식을 푸는 역산법

당시 인도에서는 방정식을 거꾸로 계산하여 푸는 '역산법逆算法'이 유행했다. 『릴라바티』에는 다음과 같이 시가詩歌 형태로 된 수학 문제를 역산법으로 푸는 방법이 소개되어 있다.

> "반짝이는 눈을 가진 아가씨, 거꾸로 계산하는 방법을 알면 내 말을 들어봐요. 어떤 수에 3을 곱해서 그 곱의 $\frac{3}{4}$을 더하고 7로 나눈 다음, 그 나눈 것의 $\frac{1}{3}$을 빼서 그 자신을 곱한 뒤 52를 다시 빼고 그것에 제곱근을 취해서 8을 더하고 10으로 나누면 2가 된다오. 그 수는 얼마이겠소?"

미지수를 x로 놓고 주어진 조건에 따라 방정식을 세우면 다음과 같이 복잡하다.

$$\frac{\sqrt{\left\{\frac{3x + \frac{3}{4} \cdot 3x}{7}\left(1 - \frac{1}{3}\right)\right\}^2 - 52} + 8}{10} = 2$$

이 경우 마지막에 얻은 값 2에서 시작하여 더한 것은 빼고, 곱한 것은 나누며, 제곱한 것은 제곱근을 구하면서 거꾸로 나아가는 역산법으로 풀면, 구하고자 하는 값을 비교적 쉽게 계산할 수 있다.

문제에 주어진 과정	역산 과정
어떤 수에 3을 곱해서	84를 3으로 나누면 28
⬇	⬆
그 곱의 $\frac{3}{4}$을 더하고	147에 $\frac{4}{7}$를 곱하면 84
⬇	⬆
7로 나눈 다음	21을 7배 하면 147
⬇	⬆
그 나눈 것의 $\frac{1}{3}$을 빼서	14를 $\frac{3}{2}$배 하면 21
⬇	⬆
그 자신을 곱한 뒤	196의 제곱근을 구하면 14
⬇	⬆
52를 다시 빼고	144에 52를 더하면 196
⬇	⬆
그것에 제곱근을 취해서	12를 제곱하면 144
⬇	⬆
8을 더하고	20에서 8을 빼면 12
⬇	⬆
10으로 나누면	2에 10을 곱하면 20
⬇	⬆
2가 된다오.	2

릴라바티상

바스카라의 『릴라바티』는 수학책이지만 신비주의적인 요소가 결합된 산스크리트 문학의 대표작으로 문학적 가치도 높은데, 최근에는 릴라바티가 상의 이름으로도 널리 알려지게 되었다. 국제수학연맹IMU은 2010년 인도에서 개최된 세계수학자대회 ICM: International Congress of Mathematicians부터 수학 대중화에 기여한 공로가 큰 학자에게 릴라바티상을 수여하고 있다. 2014년 서울에서 개최된 세계수학자대회의 수상자는 아르헨티나의 아드리안 파엔자Adrian Paenza 교수이다. 파엔자가 쓴 교양서는 수학 대중화에 크게 기여하여, 그는 '아르헨티나의 칼 세이건'으로 불린다.

아드리안 파엔자

ICM 2014의 수상자들

N

mathematics
&
movie

수학
&
영화

01
——

골드바흐의 추측

&

영화 〈페르마의 밀실〉

응용수학 분야의 가우스상

세계수학자대회에서 수여하는 가장 중요한 상은 수학계의 노벨상인 필즈상Fields medal이다. 세계수학자대회에서 필즈상 그리고 앞서 소개한 릴라바티상과 더불어 수여하는 또 하나의 영예로운 상이 가우스상Gauss prize이다. 필즈상은 순수수학만을 대상으로 하기 때문에 국제수학연맹과 독일수학회는 수학이 공학, 예술 등의 분야에서 활용되는 응용수학 연구에 대한 상을 별도로 제정하였다. 수학의 황제라고 불리는 독일의 수학자 가우스Carl Friedrich Gauss는 순수수학과 응용수학을 넘나들었기 때문에 그의 이름을 기려 가우스상을 정한 것이다.

2014년 8월 서울에서 개최된 세계수학자대회에서 가우스상의 수상자는 미국 UCLA대학의 스탠리 오셔Stanley Osher 교수이다. 그는 1992년 LA 폭동 발생 당시 범죄자를 판별하는 데 기여하면서 유명해졌다. LA 폭동은 흑인 청년 로드니 킹을 집단

가우스상 메달

2014년 가우스상 수상자 스탠리 오셔

구타한 4명의 백인 경찰관이 무죄판결을 받은 것에 격분한 흑인들이 폭동을 일으킨 것으로, 이 과정에서 백인 트럭 운전자가 흑인들에게 구타당했다. 이 장면은 방송사 헬리콥터에서 촬영되었는데 화질이 나빠서 구타에 가담한 사람을 식별하기가 어려웠다. 이에 오셔는 흐린 영상을 보정하는 수학적 알고리즘을 이용하여 혐의자의 팔에 새겨진 작은 얼룩이 장미 모양 문신임을 밝혀내 범인 검거에 결정적 역할을 했다.

블록버스터 영화에 이용되는 등위집합

오셔 교수는 유체流體의 형태 변화를 수학적으로 기술하는 등위집합level set 방법을 개발하였는데, 이 방법은 디즈니나 드림웍스가 애니메이션으로 유체를 표현할 때 사용된다. 영화 〈타이타닉〉의 경우 바닷물이 다소 부자연스럽게 표현되었지만 등위집합 방법을 이용하면 훨씬 더 자연스러운 연출이 가능해진다. 오셔의 수제자인 스탠퍼드대학의 로널드 페드큐Ronald Fedkiw 교수도 이 분야의 전문가로 활약하고 있다. 〈해리 포터와 불의 잔〉에서 용의 입에서 불이 나오는 장면, 〈포세이돈〉에서 배가 침몰하는 장면, 〈캐리비안의 해적: 망자의 함〉에서 거센 파도와 포말이 배를 덮치는 장면은 오셔와 페드큐가 개발한 수학적 방법을 이용한 특수효과이다. 특히 〈캐리비안의 해적: 망자의 함〉에서는 수학 원리와 컴퓨터 그래픽을 이용하여 배우 빌 나이의 얼굴을 생생한 문어 수염을 가진 데비 존스 선장으로 변화

시켰다. 〈캐리비안의 해적: 망자의 함〉은 2007년 아카데미 시
각효과상을 받았고, 페드큐도 2008년 아카데미상을 받았다.

〈캐리비안의 해적: 망자의 함〉에서
배우 빌 나이가 데비 존스 선장으로 변화하는 과정

영화는 종합예술

한 편의 영화에는 문학, 철학, 음악, 미술 등 다양한 장르의 예술적 요소가 녹아 있기에 영화를 흔히 종합예술이라고 한다. 영화와 상당히 거리가 멀 것 같은 수학도 영화와 직간접적으로 관련된다. 수학은 앞에서 소개한 바와 같이 애니메이션이나 영화를 제작하는 기술 측면에서 특수효과를 가능하게 할 뿐 아니라 직접 영화의 소재가 되기도 한다. 그 대표적인 예가 〈페르마의 밀실〉이다.

영화 〈페르마의 밀실〉 포스터

영화 <페르마의 밀실>

〈페르마의 밀실La habitación de Fermat〉은 2007년 제작된 스페인의 공포영화로, 우리나라에서는 2012년에 개봉되었다. 영화 제목에 수학자 페르마Pierre de Fermat, 1601~1665가 포함되어 있다는 사실에서 추측할 수 있듯이 이 영화를 이끌어가는 모티브는 수학이다. 영화의 주인공들은 발신인이 페르마라고 적힌 편지를 받는다. 역사상의 수학자 페르마는 원래 법조인이었고 수학 연구는 일종의 취미 생활이었다고 한다. 페르마는 실제로 수학 문제를 적어 수학자들에게 편지를 보내기도 했는데, 그런 사실 때문에 영화에서 페르마가 편지를 적어 보낸 것으로 설정하지 않았을까 추측할 수 있다. 영화에서 페르마가 보낸 편지에는 수열문제가 수록되어 있는데 그 답을 알아낸 사람들을 초대한다고 적혀 있다.

$$5-4-2-9-8-6-7-3-1$$

사실 이 문제는 본격적인 수학 문제라기보다는 간단한 퀴즈에 가깝다. 1부터 9까지의 수를 나타내는 스페인어 단어를 첫 알파벳에 따라 A부터 Z까지 순서대로 배열한 것이다.

cinco-cuatro-dos-nueve-ocho-seis-siete-tres-uno
　　5　　　4　　2　　9　　　8　　6　　7　　3　　1

이 문제를 성공적으로 푼 주인공들은 접선 장소에서 만나 배를 타고 외딴 섬에 위치한 방으로 이동하며, 이들에게는 각각 갈루아, 힐베르트, 파스칼, 올리바라는 수학자의 이름이 부여된다. 골드바흐의 추측을 성공적으로 증명하여 발표를 앞두고 있는 대학생 갈루아, 노老수학자 힐베르트, 발명가 파스칼, 그리고 주인공 중 유일한 여성 올리바이다. 이렇게 가명을 부여한 이유는 영화의 중반부에 밝혀지는데, 이들의 현재 나이와 수학자들이 사망한 나이가 같기 때문이다. 예를 들어 수학자 갈루아는 만 21세에 생을 마감했고 영화 속에서 갈루아의 이름을 갖는 대학생도 21세이다. 이러한 설정은 나중에 범인을 가리는 중요한 단서로 작용한다.

영화에서 의문의 초대자였던 페르마는 원래 함께 수학 문제를 풀기로 되어 있었지만 본격적인 문제가 시작되기 직전 의문의 전화를 받고 밀실을 빠져나간다. 그 후 4명의 주인공은 자신들을 초대한 인물은 페르마가 아니고, 페르마를 범인으로 생각하도록 계획된 것임을 깨닫는다. 그들은 치밀한 살해 음모에 걸려든 것이다. 밀실에는 사방에 압축기가 설치되어 있어 PDA를 통해 전송되는 문제들을 1분 안에 풀어 정답을 입력하지 못하면 압사당하게 된다. 이 절체절명의 상황에서 주인공들은 살인 계획을 세운 사람이 그 방에 있는 4명 중의 하나임을 알아내게 된다. 과연 누가 어떤 동기에서 죽음을 담보로 한 끔찍한 게임을 벌이는 것일까?

골드바흐의 추측의 증명을 둘러싼 야욕

영화의 치명적인 스포일러가 되겠지만 결론부터 말하면 살인 동기는 골드바흐의 추측의 증명에 대한 주도권 다툼이고, 주모자는 영화에서 힐베르트라는 이름을 쓰는 수학자이다. 그는 35년이라는 긴 세월 동안 골드바흐의 추측을 증명하기 위해 노력해왔다. 힐베르트는 증명을 완성해가는 시점에 한 대학생이 골드바흐의 추측을 증명했고 그 발표회를 갖는다는 기사를 접한다. 그 주인공이 바로 영화에서의 갈루아이다. 힐베르트는 평생에 걸친 노력이 갈루아에 의해 한순간에 사라지는 것을 견디지 못하고 살해 계획을 세운 것이다. 영화에서 나중에 밝혀지지만 사실 갈루아는 실제로 그 증명을 완성하지 못했고, 전 여자 친구인 올리바의 마음을 사기 위해 거짓 정보를 흘린 것이었다.

힐베르트는 살인 계획이 성공으로 돌아갈 경우 자기도 죽게 되지만 갈루아가 세상에서 사라지고, 또 사건 현장에서 골드바흐의 추측의 증명이 담긴 노트가 발견되면 자신이 골드바흐의 추측을 증명한 수학자로 역사에 영원히 남게 될 것이라 생각했다. 힐베르트도 인간인 이상 죽음이 두려웠겠지만, 270여 년 동안 미해결로 남아 있는 세기의 난제를 증명한 수학자로 기록되는 것이 목숨을 바꿀 수 있을 만큼 영광스러운 일이기 때문에 이런 일을 벌인 것이다.

영화의 초반에 힐베르트가 친구와 체스를 두는 장면이 나오는데, 그 친구는 게오르크 칸토어, 유타카 타니야마, 쿠르트 괴델의 공통점이 무엇이냐는 질문을 던진다. 힐베르트는 세 사람 모두 수학자이고 인생의 말년에 미쳤다는 점을 언급하면서, 괴델과 마찬가지로 자신도 얼마 전 자살 충동을 느꼈다고 고백한다. 영화를 처음 볼 때에는 사소한 잡담이라고 넘어갔지만, 나중에 범인이 밝혀지고 나면 하나의 복선이었음을 알게 된다.

골드바흐의 추측이 무엇이기에

영화의 모티브가 된 '골드바흐의 추측Goldbach's conjecture'은 소수 prime number와 관련된 가장 유명한 미해결 문제 중 하나이다. 이 추측은 프러시아의 수학자 골드바흐Christian Goldbach, 1690 ~ 1764가 1742년에 오일러Leonhard Euler, 1707 ~ 1783에게 보낸 편지에서 시작되었다. 골드바흐의 추측에는 '2보다 큰 모든 짝수는 두 소수의 합으로 나타낼 수 있다'와 '5보다 큰 모든 정수는 세 소수의 합으로 나타낼 수 있다'라는 두 가지 버전이 있다. 전자가 증명될 경우 후자가 자동으로 증명되기 때문에 전자를 강한 골드바흐의 추측, 후자를 약한 골드바흐의 추측이라고 하며 일반적으로 골드바흐의 추측은 전자를 말한다.

강한 골드바흐의 추측이 참이라면 2보다 큰 짝수는 두 소수의 합으로 나타낼 수 있다. 그런데 5보다 큰 짝수는 2보다 큰 짝수에 2를 더하면 되므로 결국 세 소수의 합이 된다. 마찬가지로 5보다 큰 홀수 역시 2보다 큰 짝수에 3을 더하면 되므로 결국 세 소수의 합이 된다. 이를 종합하면 5보다 큰 정수는 세 소수의 합이 되므로 약한 골드바흐의 추측도 참이 되는 셈이다. 그렇지만 약한 골드바흐의 추측이 참이라고 해서 강한 골드바흐의 추측이 참이 되는 것은 아니다.

강한 골드바흐의 추측: 2보다 큰 짝수 = 소수 + 소수

5보다 큰 짝수 = (2보다 큰 짝수) + 2 = 소수 + 소수 + 소수

5보다 큰 홀수 = (2보다 큰 짝수) + 3 = 소수 + 소수 + 소수

약한 골드바흐의 추측: 5보다 큰 정수 = 소수 + 소수 + 소수

영화의 초반에 골드바흐의 추측이 제시된다. 갈루아는 여대생들에게 생각나는 짝수를 말해보라고 하고 다음과 같이 두 소수의 합으로 나타낸다.

$$18 = 7 + 11, \ 24 = 5 + 19, \ 50 = 13 + 37, \ 100 = 83 + 17,$$
$$1000 = 521 + 479, \ 7112 = 5119 + 1993$$

그러나 이런 식으로 짝수들을 두 소수의 합으로 나타내보는 것은 증명이라고 할 수 없다. 컴퓨터를 이용하여 4×10^{18} 까

지의 짝수를 두 소수의 합으로 나타내는 것이 가능함을 확인
했지만 일반적인 경우에 대한 증명은 못했기에 미해결 문제인
것이다.

영화 속에 등장하는 문제들

이제부터 영화 속에서 PDA를 통해 전송된 문제들을 풀어보자.
이 중에는 수학 문제도 있고 논리 퍼즐도 있고 난센스 퀴즈도
있다.

#1 사탕 라벨 문제

가게 주인이 사탕이 담긴 불투명 상자 세 개를 받았다. 한 상자
에는 박하사탕, 다른 상자에는 아니스사탕, 또 다른 상자에는 박
하사탕과 아니스사탕이 혼합되어 있다. 각 상자에는 박하, 아니
스, 혼합이라는 라벨이 붙어 있는데, 이 라벨이 모두 잘못되었다
고 한다. 세 상자에 각각 어떤 사탕이 들었는지 알아내려면 최소
몇 개의 상자를 열어서 확인해야 하는가?

* * *

답은 혼합 상자 한 개만 열어서 확인하면 된다. 혼합 라벨이 붙은
상자는 혼합이 아니므로 박하 또는 아니스이다. 혼합 라벨의 상자
가 만약 박하라면, 아니스 라벨의 상자는 혼합이거나 아니스이다.
그런데 세 개의 라벨이 모두 잘못되었기 때문에 아니스 라벨의 상

자는 아니스일 수 없다. 즉, 아니스 라벨의 상자는 혼합이고, 박하 라벨의 상자는 아니스가 된다. 이처럼 세 개의 라벨이 내용물과 모두 다르다는 점을 염두에 두고 따지면 한 상자만 열어도 나머지 상자의 사탕 종류를 알 수 있다.

#2 이진법의 수 배열 문제

다음 코드를 해독하시오.

0000000000000001111111110001111111111001111111111
10011000100011001100010001100111110111110011111000
11110001111111110000010101010000001101011000000011
1111100000000000000000

＊ ＊ ＊

이 코드에는 숫자 0과 1이 169개 배열되어 있다. 169는 13의 제곱으로 169를 소인수분해하는 유일한 방법은 13 × 13이다. 따라서 이 수들을 한 줄에 13개씩 13줄로 배열하고 0을 초록색 블록으로, 1을 무늬가 있는 블록으로 표시하면 해골 모양이 나타난다.

이는 아레시보 메시지에서 아이디어를 얻은

것이다. 아레시보 천문대에서는 0 또는 1을 나타내는 1679개의 마이크로파를 우주에 발사했다. 1679는 23 × 73의 한 가지 방법으로만 소인수분해 되는 세미소수이며, 169도 마찬가지이다. 따라서 169개의 0과 1을 유일한 방법으로 열거할 수 있어 원하는 모양을 전할 수 있다.

#3 전등 문제

밀폐된 방 안에 전등이 있고 방 밖에는 세 개의 스위치가 있는데 그중의 한 스위치만 전등을 켤 수 있다. 하나만 켜보고 작동하는 스위치가 무엇인지 알아내려면 어떻게 해야 할까? 한 개의 스위치를 켠 후 문을 열어 전등이 켜졌는지의 여부를 확인해야 하지만, 문을 닫고 있는 동안에는 다른 스위치를 오래 켜놓을 수 있다.

* * *

주인공들은 밀실 속에서 이 문제를 푸는 아이디어를 얻는다. 밀실이 좁아지자 전등을 안전한 위치에 옮기다가 뜨거워진 전등에 손을 가져다 대는데, 이처럼 전등을 오래 켜놓으면 뜨거워지는 성질이 문제를 푸는 결정적인 단서가 된다. 한 번의 시행으로 어떤 스위치가 작동하는지 알아내기 위해서는 셋 중에서 한 스위치를 오래도록 켜놓았다가 끄고 다른 스위치를 켠 상태에서 문을 열어 불이 들어왔는지 확인하면 된다. 예를 들어 1번 스위치를 오래 켜놓았다가 끄고 2번 스위치를 켜고 문을 열어 전등이 들어왔는지 확인해보자. 이때 알 수 있는 정보는 불이 들어왔는지와 전등이 뜨거운지의 두 가지이다. 만약 불이 켜져 있다면 2번 스위치가 맞고, 불이 켜지지 않았는데 전등이 뜨겁다면 1번 스위치가 맞고, 불이 켜지지 않았고 전등도 차갑다면 3번 스위치가 맞다.

#4 모래시계로 시간 재기 문제

4분과 7분짜리 모래시계로 9분의 시간을 재는 방법은?

* * *

9분의 시간을 재는 여러 가지 방법 중 하나는 다음과 같다.

1단계) 4분과 7분 모래시계를 같이 돌려 (7분 모래시계에) 3분 모래시계를 만든다.

2단계) 3분 모래시계와 4분 모래시계를 같이 돌려 (4분 모래시계에) 1분 모래시계를 만든다.

3단계) 1분 모래시계와 7분 모래시계를 돌려 (7분 모래시계에) 6분 모래시계를 만든다.

4단계) 6분 모래시계와 4분 모래시계를 두 번 돌려 (4분 모래시계에) 2분 모래시계를 만든다.

5단계) 2분 모래시계가 끝나는 즉시 7분 모래시계를 돌리면 9분의 시간을 잴 수 있다.

이 풀이법을 체계화시키기 위해 좌표평면 위의 격자 경로와 위치를 나타내는 순서쌍을 동원해보자. 가로축을 7분 모래시계, 세로축을 4분 모래시계로 정한 후, 두 모래시계에 남아 있는 시간을 순서쌍 (a, b)로 나타낸다.

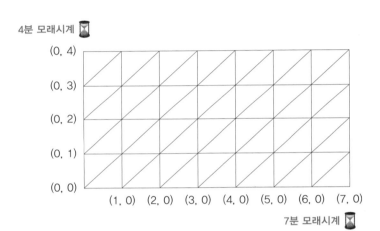

1단계에서 7분과 4분 모래시계를 같이 돌리는 것은 그림에서 (7, 4)에서 시작하여 ↙방향으로 움직이는 것으로 표현된다. (7, 4)에서 1분이 지나면 (6, 3)이 되고, 시간의 흐름에 따라 (5, 2), (4, 1)을 거쳐 (3, 0)에 이른다. 즉, 7분 모래시계에 3분이 남아 있게 된다.

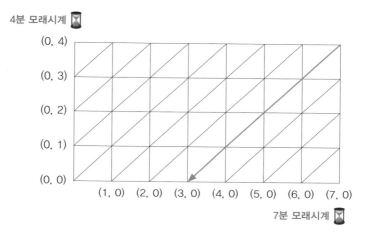

2단계는 7분 모래시계에 남아 있는 3분, 그리고 4분 모래시계를 돌려서 시작하므로 (3, 0)에서 (3, 4)로 이동한다. (3, 4)에서 출발하여 (2, 3), (1, 2)를 거쳐 (0, 1)에 이른다. 즉, 4분 모래시계에 1분이 남아 있게 된다.

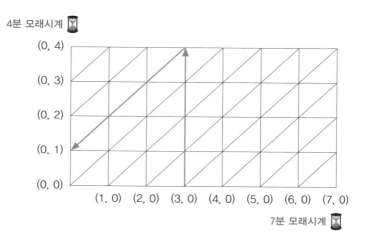

3단계는 1분이 남아 있는 4분 모래시계, 그리고 7분 모래시계를 돌려서 시작하므로 (0, 1)에서 (7, 1)로 이동한다. (7, 1)에서 출발하여 1분 후 (6, 0)에 이르게 되므로 7분 모래시계에 6분이 남아 있게 된다.

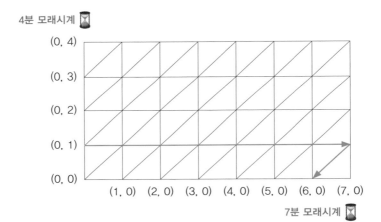

4분 모래시계

(0, 4)
(0, 3)
(0, 2)
(0, 1)
(0, 0)

(1, 0) (2, 0) (3, 0) (4, 0) (5, 0) (6, 0) (7, 0)

7분 모래시계

4단계는 6분이 남아 있는 7분 모래시계, 그리고 4분 모래시계를 돌려서 시작하므로 (6, 0)에서 (6, 4)로 이동한다. (6, 4)에서 출발하여 4분 모래시계에 2분이 남아 있는 (0, 2)에 이르기 위해서는 4분 모래시계를 두 번 돌려야 한다. 즉, (6, 4), (5, 3), (4, 2), (3, 1)을 거쳐 (2, 0)에 도달하고, 다시 4분 모래시계를 돌려 (2, 4)를 만든 후 (1, 3), (0, 2)에 도달하게 된다. 이제 4분 모래시계에 2분이 남아 있다.

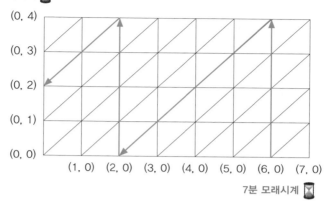

4분 모래시계 ⌛

(0, 4)

(0, 3)

(0, 2)

(0, 1)

(0, 0)

(1, 0) (2, 0) (3, 0) (4, 0) (5, 0) (6, 0) (7, 0)

7분 모래시계 ⌛

마지막 5단계에서는 4분 모래시계에 2분이 남아 있으므로 이와 7분 모래시계를 결합시켜 9분의 시간을 잴 수 있다. 이처럼 그림을 이용하면 주어진 정보를 훨씬 명확하게 이해하고 해결 방법도 구조화시킬 수 있다.

#5 나이 문제

한 학생이 선생님께 세 딸의 나이를 물었다. 선생님은 세 딸의 나이를 곱하면 36이고 더하면 너희 집 주소라고 답했다. 그러자 학생은 설명이 더 있어야 한다고 말했고, 선생님은 설명이 부족하다는 것을 인정하면서 제일 큰 딸은 피아노를 친다고 답했다. 세 딸의 나이는 몇 살인가?

세 딸의 나이를 x, y, z라고 할 때, 나이의 곱이 36이므로 $xyz = 36$이다. 세 딸의 나이의 합인 $x + y + z$는 주소라고 했으므로 특정한 수가 된다. 미지수는 x, y, z의 세 개인데 주어진 방정식은 두 개이고 그나마 하나는 불완전한 방정식이다. 이러한 경우는 부정不定방정식이 된다. 즉, 주어진 방정식의 개수가 미지수의 개수보다 적으면 방정식의 해가 하나로 결정되지 않고不定 여러 개의 해가 나오게 된다.

이 문제에서 $xyz = 36$을 만족시키는 세 수는 (36, 1, 1), (18, 2, 1), (12, 3, 1), (9, 4, 1), (6, 6, 1), (9, 2, 2), (6, 3, 2), (4, 3, 3)의 8쌍이다. 그런데 학생은 설명이 빠졌다고 했으므로 세 딸의 나이를 더해서 나오는 값이 중복되는 경우가 있고 자신의 집 주소가 그 경우임을 의미한다. 세 수의 합이 같아지는 경우는 (6, 6, 1), (9, 2, 2)의 두 가지이다. $6 + 6 + 1 = 13 = 9 + 2 + 2$이기 때문이다. 문제에 제시된 또 하나의 정보는 '제일' 큰 딸이므로, 가장 큰 수가 결정되는 (9, 2, 2)가 답이다. 즉, 세 딸은 각각 9살, 2살, 2살이다.

#6 논리 문제

두 개의 문이 있다. 하나는 자유의 문이고 또 다른 하나는 감옥의 문이며, 양쪽 문에는 간수가 한 명씩 있다. 그중 한 간수는 거짓말만 하고 다른 간수는 진실만 말하는데 어느 문에 어떤 간수가 있는지 모른다. 두 명의 간수에게 각각 동일한 질문을 하고 그 답을 통해 자유의 문을 알아내려면 어떤 질문을 해야 하는가?

※　※　※

이 문제는 참, 거짓을 정교하게 따져보아야 하는 논리 문제이다. 이때 던져야 하는 질문은 '당신의 반대편 간수는 어떤 문이 자유의 문이라고 답할까요?'이고, 여기서 나오는 답의 반대쪽이 자유의 문이 된다.

우선 자유의 문에 진실 간수, 감옥의 문에 거짓 간수가 서 있는 경우를 따져보자. 진실 간수는 '당신의 반대편 간수는 어떤 문이 자유의 문이라고 답할까요?'라는 질문에 대해 반대편의 거짓 간수가 거짓을 말하므로 감옥의 문을 가리킨다고 답한다. 감옥의 문에 서 있는 거짓 간수에게 같은 질문을 하면, 반대편 진실의 간수가 원래는 자유의 문을 가리키겠지만 자신은 거짓을 말하므로 감옥의 문을 가리킨다고 답한다.

자유의 문	감옥의 문
진실 간수	거짓 간수

반대로 자유의 문에 거짓 간수, 감옥의 문에 진실 간수가 서 있을 때에도 동일한 방식으로 따져볼 수 있다. 간수가 서 있는 문이

자유의 문이건 감옥의 문이건, 또 거짓말을 하는 간수이건 진실을 말하는 간수이건 상관없이 '당신의 반대편 간수는 어떤 문이 자유의 문이라고 답할까요?'라는 질문에 대한 답은 동일하게 나오고, 그 반대쪽을 택하면 자유의 문이 된다.

#7 아리송한 확률

영화에서 제시된 문제는 아니지만, 영화의 대사 중에는 수학적으로 재해석할 여지가 있는 부분이 있다. 주인공들이 처음에 자신들을 초대했다고 여겼던 페르마 역시 힐베르트의 음모에 걸려든 것으로, 페르마가 힐베르트의 전화를 받고 밀실에서 나와 운전하는 장면이 있다. 차에 동승한 경찰은 안전벨트를 매지 않고 운전하는 페르마와 대화를 주고받는다.

경찰: 고속도로에서 사망한 사람의 28%가 안전벨트를 안 매서 사망했다는 것을 아십니까?

페르마: 그 말은 72%의 사람들이 안전벨트를 맨 채 죽었다는 거군요.

* * *

이 통계를 대충 들으면 안전벨트의 착용이 교통사고를 예방하는데 별 도움이 되지 않는다고 오해할 수 있다. 그러나 잘 생각해보면 안전벨트를 착용하는 운전자가 그렇지 않은 운전자에 비해 훨씬 많기 때문에 단순비교는 타당하지 않다.

가상적으로 다음 상황을 생각해보자. 안전벨트를 착용한 운전자가 1,000,000명, 미착용한 운전자가 10,000명이고, 교통사고로 사망한 25명 중에서 안전벨트를 착용한 경우가 18명, 미착용한 경우가 7명이라고 하자. 그러면 18:7 = 72:28이므로 대화에 나온 비율과 일치한다.

교통사고 안전벨트	생존	사망	합계
착용	999,982	18	1,000,000
미착용	9,993	7	10,000
합계	1,009,975	25	1,010,000

안전벨트의 착용과 교통사고의 사망 비율 사이의 관련성을 알아보기 위해서는 사망자 중에서 안전벨트 착용자와 미착용자의 비율이 아니라 안전벨트를 착용한 경우의 사망 비율과 미착용한 경우의 사망 비율을 비교해야 한다.

안전벨트를 착용한 경우의 사망 비율:

$$\frac{18}{1,000,000} = 0.0018\%$$

안전벨트를 미착용한 경우의 사망 비율:

$$\frac{7}{10,000} = 0.07\%$$

이렇게 계산하면 안전벨트 미착용 시의 사망 비율 0.07%는 착용 시 사망 비율 0.0018%보다 약 40배 높다.

과유불급의 메시지

지식에 대한 인간의 갈망은 인류의 발전을 뒷받침하는 원동력이 되었다. 하지만 도가 지나치면 탈이 나는 법, 영화에서 힐베르트의 과열된 학문적 열정은 결국 비뚤어진 집착으로 변질되었다. 수학의 재미를 안겨준 영화 〈페르마의 밀실〉은 과도한 집착을 경계하라는, 즉 지나치면 미치지 못함과 같다는 과유불급過猶不及의 메시지도 함께 던져준다.

02

4색 문제
&
영화 <용의자 X의 헌신>

소설에서 영화와 연극으로

2008년 제작된 일본 영화 〈용의자 X의 헌신〉은 인간 심리를 섬세하고 생생하게 표현해내는 추리소설 작가 히가시노 게이고의 소설을 원작으로 한다. 2012년에는 방은진 감독이 한국판 〈용의자 X〉를 제작하여 호평을 받기도 했고, 2014년에는 연극 〈용의자 X의 헌신〉이 '세상에서 가장 아름다운 사랑의 공식'이라는 부제와 함께 무대에 오르기도 했다.

영화
〈용의자 X의 헌신〉
포스터

영화
〈용의자 X〉
포스터

연극
〈용의자 X의 헌신〉
포스터

<용의자 X의 헌신>의 줄거리

어느 날 형체를 알아볼 수 없는 남자의 시신이 발견된다. 사망자는 토가시로 사건의 강력한 용의자로 떠오른 것은 전 부인인 야스코이다. 실제 야스코와 그 딸은 범행을 저지른 진범이다.

딸과 함께 성실하게 살고 있는 야스코에게 전 남편 토가시가 갑자기 찾아와 행패를 부렸기 때문에 우발적으로 죽인 것이다. 야스코의 옆집에 사는 이시가미는 완벽한 수학 증명이 세상에서 가장 아름다운 것이라고 믿는 고등학교 수학 교사이다. 이시가미는 살인 사건이 일어나던 날 옆집에서 들려오는 소음에 야스코의 집을 방문하다가 사건 장면을 목격한다. 평소 야스코를 연모해온 이시가미는 비상한 두뇌를 이용하여 야스코와 딸의 범행을 은폐할 수 있는 알리바이를 만들어준다.

이 사건을 맡은 여형사 우츠미는 야스코 모녀의 완벽한 알리바이로 사건이 미궁에 빠지게 되자 물리학 교수 유카와에게 도움을 청한다. '괴짜 갈릴레오'라는 별명을 가진 유카와는 야스코의 바로 옆집에 사는 사람이 대학 시절 천재로 이름을 날린 이시가미라는 것을 알게 된다. 사건을 은폐하고 조작한 천재 수학 교사 이시가미와 이 사건을 풀어내려는 천재 물리학자 유카와의 만남으로 사건은 새로운 국면으로 접어든다.

영화 속의 4색 문제

유카와는 대학 시절의 기억을 떠올리는데, 당시 수학과 학생이던 이시가미는 교정 벤치에 앉아 4색 문제의 증명에 몰두하고 있었다. 4색 문제에 대한 증명은 1976년 컴퓨터를 이용하여 완성되었지만, 이시가미는 그 증명에 만족하지 못하고 인간의 두뇌를 이용한 아름다운 증명 방법을 찾고 있었던 것이다.

4색 문제는 지도에서 인접한 영역이 서로 다른 색이 되도록 칠하려면 최소한 몇 가지 색이 필요한지를 묻는 문제이고, 이에 대한 답은 4가지이다. 사실 4색 문제의 내용 자체는 쉽게 이해되기 때문에 만만한 문제로 여겨진다. 4색 문제는 어렸을 때 지도를 색칠해본 경험 때문에 친숙해서인지 수학을 전문으로 하지 않는 아마추어들도 증명해보려고 시도하는 경우가 많다. 역사적으로 보면 4색 문제는 3대 작도 불가능 문제 중 각의 3등분 문제와 더불어 도전을 가장 많이 받은 문제일 것이다.

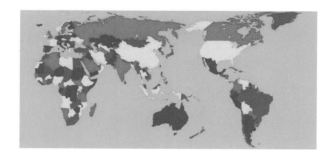

4색으로 칠한 세계 지도

4색 문제의 시작

많은 수학 문제들이 그러하듯 이 문제 역시 우연히 제기되었다. 1852년 대학원생이던 영국의 구드리Francis Guthrie는 영국 지도를 색칠하다가 '지도상에서 서로 인접한 영역을 서로 다른 색으로 칠하기 위해서 최소한 몇 가지 색이 필요할까'라는 의문을 갖게 되었다. 구드리는 영국 지도의 경우 4가지 색으로 가능하다는 것을 알았지만, 지도의 모양이 복잡해지면 어떻게 될지에 대해서는 확신이 없었다. 그는 남동생의 스승인 수학자 드모르간Augustus de Morgan, 1806 ~ 1871에게 문의했다. 질문을 받은 드모르간 역시 증명 방법을 찾지 못했고, 고민 끝에 수학자 해밀턴에게 편지를 써 도움을 요청하였다. 이렇게 시작된 4색 문제는 점차 세상에 알려지면서 많은 에피소드를 만들게 된다.

드모르간이 해밀턴에게 보낸
4색 문제에 대한 편지
(1852년 10월 23일)

4색 문제에 대한 도전의 역사

19세기 최고의 수학자 중의 한 사람인 민코프스키Hermann Minkowski, 1864 ~ 1909는 4색 문제를 만만하게 보고 금방 풀어낼 수 있다고 호언장담했지만 결국 성공하지 못했다. 그 후 '하늘이 나의 오만함에 화가 난 것 같다. 내 증명에는 오류가 있다'라며 실패를 인정했다.

1879년에는 켐프Alfred Kempe가, 1880년에는 테이트Peter Guthrie Tait가 각각 4색 문제에 대한 증명을 내놓았다. 이 증명은 한동안 4색 문제에 대한 합당한 증명으로 받아들여졌지만 두 증명 모두 11년 천하로 끝나게 된다. 켐프의 증명은 1890년에, 테이트의 증명은 1891년에 각각 잘못되었음이 밝혀진 것이다.

그러나 실패가 무의미하지만은 않았다. 켐프의 증명에 오류가 있음을 밝힌 히우드Percy Heawood는 그 검증 과정에서 새로운 진보를 이루어냈다. 켐프의 증명이 비록 틀리기는 했지만 그 방법을 활용하여 5가지 색이면 충분하다는 성질을 증명한 것이다. 뿐만 아니라 이 방법은 평면 지도를 넘어서 곡면 지도에도 적용할 수 있음을 발견한다. 결과적으로 보면 켐프와 히우드는 '실패는 성공의 어머니'라는 진부한 격언을 인정할 수밖에 없게 하는 사례를 제공했다. 이처럼 4색 문제가 제기되고 38년 만에 5색 정리까지는 증명되었지만, 여기서 다시 한 가지 색을 줄이는 과정은 순탄하지 않았다.

컴퓨터를 이용한 증명

1976년 미국 일리노이대학의 아펠Kenneth Appel과 하켄Wolfgang Haken은 새로운 방법으로 4색 문제에 접근했다. 이들은 지도의 모양에 따라 나타나는 수많은 경우들을 분류했다. 아펠과 하켄은 지도를 1936가지로 유형화하였고 (이후의 연구에서는 유형의 수를 더 줄였다.) 인간이 일일이 각 유형에 대해 칠해본다면 한없이 긴 세월이 걸리기 때문에 컴퓨터를 동원하여 분석했다. 무려 1200시간 동안 쉬지 않고 컴퓨터를 돌린 결과 인접한 영역을 각각 다른 색으로 칠하기 위한 최소의 색은 4가지라는 것을 증명해냈다. 이처럼 지난한 탐구의 과정을 통해 증명되면서 4색 문제four color problem는 4색 정리four color theorem로 이름이 바뀌었다.

아펠과 하켄의 증명을 기념하는
일리노이 어바나Urbana 우체국의 소인

120년 동안 난공불락으로 남아 있던 4색 정리는 컴퓨터만이 해결할 수 있는 최초의 수학 문제가 되었다. 그렇지만 인간의 두뇌가 아닌 컴퓨터를 이용한 4색 문제의 증명을 받아들여야 하는지에 대해 논란이 분분하다. 4색 정리의 증명은 컴퓨터의 기능을 이용하여 각 유형별로 검증해보는 지루한 방법을 이용하고 지나치게 복잡하다. 또한 대부분의 수학 증명은 다른 문제를 증명할 때 활용이 되는데 4색 정리의 증명은 이 문제 이외에는 별 쓸모가 없다.

숨은 공로자 헤슈

컴퓨터를 이용한 증명의 아이디어를 처음 생각해낸 수학자는 독일의 헤슈Heinrich Heesch, 1906 ~ 1995이다. 헤슈는 독일보다 성능이 좋은 컴퓨터를 갖추고 있는 미국으로 가서 하켄과 만났고 4색 문제를 컴퓨터로 증명하는 아이디어를 제공했다. 이런 사실을 감안할 때 컴퓨터를 이용한 증명의 토대를 구축한 것은 헤슈라고 할 수 있다. 헤슈는 아펠과 하켄의 주도하에 4색 정리가 증명된 후에도 이 증명을 정련하고 간결화하는 연구를 진행했다. 헤슈가 증명에 성공한 학자로 이름을 올리지는 못했지만 그를 4색 정리 자체에 헌신한 인물로 기억할 필요가 있다.

지도의 그래프 표현

그래프라고 하면 흔히 함수의 그래프를 연상하겠지만, 점과 선으로 이루어진 그림도 '그래프'라고 한다. 그래프에서는 점을 '꼭짓점', 꼭짓점을 연결하는 선을 '변'이라고 한다. 지도는 평면을 유한개의 영역으로 분할한 그림인데, 여기서 각 영역을 꼭짓점으로 나타내고 인접한 영역을 변으로 연결하면 그래프를 그릴 수 있다. 지도를 그래프로 간결하게 표현하면 성질을 탐구하는 것이 용이해지는데, 이처럼 그래프의 성질을 연구하는 분야를 그래프 이론graph theory이라고 한다.

　다음 그림에서 왼쪽 그림은 오른쪽의 그래프로 표현할 수 있다. 왼쪽에서 노란색 영역은 오른쪽에서 노란색 꼭짓점이 되고,

노란색 영역은 초록색, 분홍색, 보라색 영역과 인접하고 있으므로 노란색 꼭짓점은 초록색, 분홍색, 보라색 꼭짓점과 각각 변으로 연결되어 있다.

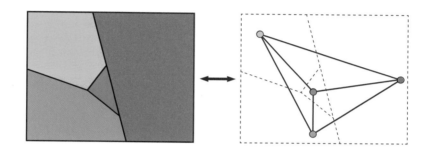

미국의 지도는 4색 정리에 따라 다음과 같이 4가지 색으로 칠할 수 있는데, 이를 그래프로 표현할 수 있다.

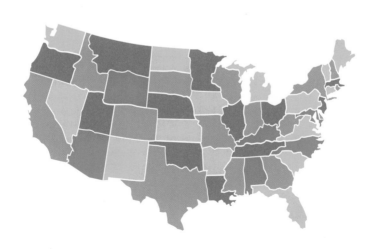

4색으로 칠한 미국 지도

미국 지도의 그래프 표현

수학 연구과 등산

다시 영화로 돌아와서, 이시가미와 유카와는 대학 졸업 후 17년 만에 해후한다. 유카와는 수학 연구를 정상이 하나인 산에 오르는 것에 비유하면서 수학 연구에서는 등정하는 여러 경로 중 가장 단순하고 합리적인 것을 알아내는 것이 중요하다고 말한다. 그러자 이시가미는 수학에는 세기의 난제와 같이 오를 수 없는 산이 있다고 응대하는데, 유카와는 그중의 하나인 리만가설을 언급하며 리만가설을 부정하는 증명을 이시가미에게 건네준다. 이시가미는 술잔을 함께 기울이던 유카와가 잠든 사이 밤을 새워가며 그 증명에 근본적인 문제가 있음을 밝힌다. 이를 통해 유카와는 이시가미의 천재성이 건재함을 확인한다.

사건의 단서

이시가미가 근무하는 고등학교를 찾은 형사들은 "학생들이 이시가미가 출제한 수학 문제를 어렵다고 하던데요"라고 말한다. 그러자 이시가미는 자신이 낸 문제가 "예를 들면 기하 문제로 보이지만 사실은 함수 문제이기 때문에 문제에 접근하는 관점을 바꾸면 어렵지 않게 풀 수 있습니다"라고 답변한다. 이는 살인 사건을 푸는 결정적인 단서를 제공한다.

야스코 모녀가 살인을 한 것은 12월 1일인데 이시가미는 이 사건을 덮기 위해 12월 2일에 새로운 살인을 저지른다. 이시가미는 완전범죄를 위해 12월 2일 자신이 죽인 사람이 1일에 죽은 토가시라고 생각하도록 증거를 조작하고, 12월 2일 범행 시간에 야스코 모녀에게 완벽한 알리바이를 만들어준다. 다시 말해 야스코 모녀가 살인을 한 것은 12월 1일인데, 경찰이 주목한 것은 12월 2일에 일어난 살인사건으로, 이는 기하 문제를 함수 문제로 바꾸는 것과 유사하다.

수학 vs 과학

영화에서 수학자 이시가미와 물리학자 유카와가 대결을 하는 만큼 영화에서는 수학과 과학의 본질적인 차이에 대한 언급이 다루어진다. 모든 현상에는 이유와 원인이 있다고 믿는 유카와는 과학은 기본적으로 관찰하고 가설을 세운 후 실험에 의해 참을 밝히는 것이라고 정의한다. 과학에서 가설은 실증에 의해 비로소 진리가 될 수 있다. 그에 반해 사유를 기본으로 하는 수학은 머릿속에서 일어나는 '사고실험'이 중요하다. 과학에서 물리적 현상을 탐구하는 것이 물리학이고, 화학적 현상을 규명하는 것이 화학이지만 수학은 수학적 현상 자체가 존재하는 것이 아니기 때문에 수학에서는 머릿속에서 모든 사고가 이루어지고 그에 대한 검증 역시 머리를 이용한다. 그런 측면에서 볼 때 인간의 머리가 아니라 컴퓨터를 이용한 4색 정리의 증명은 수학의 본질에 부합되지 않는 면이 있고, 그 때문에 이시가미가 불만족스러워했던 것이다. 4색 정리는 인간의 두뇌로 밝히는 우아한 증명을 기다리는 문제로 남아 있다.

03

기수법
&
영화 <2012>

영화 〈2012〉

영화 〈2012〉는 끊임없이 회자되어 온 2012년 인류 멸망설을 소재로 한다. 이 예측은 고대 마야 문명에서 시작된 것으로, 마야에서 만든 여러 달력을 종합해볼 때 현재의 태양계는 기원전 3114년 8월 11일에 시작되어 긴 시간에 걸쳐 은하계를 서서히 이동하고 그 운행이 끝나는 2012년 12월 21일에는 지구의 종말이 오게 된다는 것이다. 이 예측에 나름 관심이 집중된 것은 고대 마야인들이 일식과 월식, 행성의 운행과 공전 궤도에 대한 우수한 천문학 지식을 보유하고 있었기 때문이다.

영화 〈2012〉 포스터

마야의 달력

이집트를 비롯한 여러 문명권에서는 관찰과 경험을 통해 1년이 약 365일이라는 것을 알고 있었다. 중국에서는 달의 삭망 주기에 따른 12달 354일과 1년 365일의 차이가 11일이기 때문에 19년 동안 7번의 윤달을 넣어 365일이 되도록 보정한 태음태양력을 사용했다. 그럼에도 달력과 관련해서 유독 마야 문명이 거론되는 이유는 마야에서는 1년이 365일인 태양력太陽曆, Haab뿐 아니라 1년이 260일인 탁금력卓金曆, Tzolkin 등 다양한 달력을 만들었기 때문이다. 태양력이 농사를 짓는 데 이용되었다면 탁금력은 종교 행사의 시기를 정하는 데 주로 사용되었다.

마야의 달력에서 한 달은 20일이다. 태양력은 20일씩 18개월인 360일과 마지막의 5일인 와옙으로 구성되고, 탁금력은 20일씩 13개월인 260일로 구성된다. 그리고 태양력의 주기 365와 탁금력의 주기 260의 최소공배수는 18980으로, 이때마다 태양력과 탁금력이 일치하는 날이 생긴다. 18980일은 18980 ÷ 365 = 52이므로 태양력으로 52년에 한 번씩 태양력과 탁금력이 일치하게 된다.

다음은 18개의 달과 와옙, 그리고 한 달을 구성하고 있는 20일을 표현한 것으로, 달과 일을 나타내는 데 주로 동물의 모양을 이용했다. 18개의 달에서 9는 검은색, 10은 녹색, 11은 흰색, 12는 붉은색을 의미하고, 와옙은 5일 동안의 불길한 날을 의미한다.

Pop 1	Wo 2	Sip 3	Sotz' 4	Sek 5
Xul 6	Yaxk'in' 7	Mol 8	Ch'en 9	Yax 10
Sak' 11	Keh 12	Mak 13	K'ank'in 14	Muwan' 15
Pax 16	K'ayab 17	Kumk'u 18		Wayeb'

마야 태양력의 18개 달과 와엡

094
-
095

Imix 1	Ik 2	Akbal 3	Kan 4	Chicchan 5
Cimi 6	Manik 7	Lamat 8	Muluc 9	Oc 10
Chuen 11	Eb 12	Ben 13	Ix 14	Men 15
Cib 16	Caban 17	Etz'nab 18	Cauac 19	Ahau 20

마야 달력의 20일

마야의 숫자

마야의 달력에서 한 달이 20일인 것은 마야의 20진법과 관련된다. 우리가 사용하는 10진법과 달리 20진법에서는 0부터 19까지의 20개의 수를 기본수로 하고, 20이 되면 두 자리가 된다.

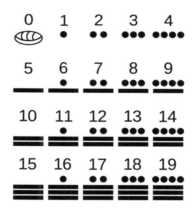

원래 20진법이면 자릿값이 20, 20^2, 20^3, …이 되어야 하는데 20^2 대신 18×20을 사용한 것은 수체계를 달력과 일치시키기 위해서이다. 결과적으로 마야의 20진법에서 자릿값은 1, 20, 18×20, 18×20^2, …이다. 2016을 마야의 20진법으로 나타내면, $2016 = 5 \times (18 \times 20) + 10 \times 20 + 16 \times 1$이므로 5, 10, 16을 세로로 배열한 수가 된다. 일반적으로 수를 표기할 때 큰 자릿값의 수부터 왼쪽에서 오른쪽으로 적는데, 마야에서는 위에서 아래로 적었다.

마야의 숫자	자릿값의 수	자릿값	나타내는 값
▬	5	18×20의 자리	5×(18×20) = 1800
▬	10	20의 자리	10×20 = 200
▬	16	1의 자리	16×1 = 16
			2016

위치적 수체계

고대 마야의 숫자와 현재 사용하고 있는 아라비아 숫자는 모두
위치적 수체계를 따른다. 아라비아 숫자에서 1234는 10진법의
전개식으로 나타내면 $1234 = 1 \times 10^3 + 2 \times 10^2 + 3 \times 10^1 + 4$
$\times 1$이다. 1234에서 1이 위치하고 있는 자리는 $10^3 = 1000$으로,
자릿값을 적지 않아도 그 위치만으로 1000임을 알 수가 있다.

이를 일반화해보자. 위치적 수체계에서 기본수가 a일 때, 0,
1, 2, …, $a - 1$에 해당하는 기호를 정하면 임의의 수 N은 a의
거듭제곱을 이용하여 다음과 같이 표현된다.

$$N = c_n a^n + c_{n-1} a^{n-1} + \cdots + c_2 a^2 + c_1 a + c_0$$

$$(0 \leq c_i < a, \ i = 0, 1, \cdots, n)$$

이 경우 N을 위치적 수체계로 나타내면 $c_n c_{n-1} \cdots c_2 c_1 c_0$가 된다. 예를 들어 c_n이 a^n의 자리라는 것을 굳이 명시하지 않아도 c_n의 위치에 의해 그 값이 결정된다.

수 개념의 발생

위치적 수체계는 수를 나타내는 가장 발전된 방식인데, 그보다 훨씬 이전으로 돌아가서 수 개념이 나타나게 된 과정부터 살펴보자. 사실 수학이라고 하면 '수'를 가장 먼저 떠올릴 정도로 수 개념은 수학의 가장 기본적인 토대를 이룬다. 그러면 인류는 과연 언제부터 수를 만들어서 사용하였을까? 수 개념의 발생은 인류의 출현과 동시에 시작되었다고 볼 수 있다. 교육학자 듀이 John Dewey에 따르면 수의 기원은 '현실적 필요'라는 사회적 측면과 '정신의 본성'이라는 심리적 측면에서 찾아볼 수 있다. 인간을 둘러싼 자원이 무한하다면 원하는 것을 항상 소유할 수 있기에 굳이 명확하게 수량화하지 않을 것이다. 그러나 인간의 활동에 관련된 자원은 제한되어 있기 때문에 그 양을 명확하게 가늠할 필요가 있었다. 뿐만 아니라 인간에게는 자원의 양을 많다, 적다와 같이 대략적으로만 파악하는 것을 넘어서서 정확하게 수치화하려는 경향이 있다. 이러한 측면들은 인간이 수 개념을 만들어낸 동인動因으로 작용했다.

숫자의 출현 이전

인간이 수number 개념을 갖게 되었다고 해서 곧바로 수를 나타내는 기호, 즉 숫자numeral를 만들어 사용한 것은 아니다. 인간이 문자를 사용하기까지 기나긴 시간이 필요했던 것처럼 초보적인 수 개념을 갖고도 오랜 기간이 경과한 후에야 숫자를 고안하기 시작했다. 숫자가 존재하지 않던 시기에는 수를 나타내기 위해 뼈에 눈금을 새기는 방법을 사용했다. 현재 우간다와 콩고의 국경에 위치하는 이상고Isango에서 발견된 동물의 뼈는 기원전 6500년경 혹은 그 이전의 유물로 추정되는데, 이 뼈에는 눈금이 새겨 있다. 잉카 문명에서는 수를 표현하기 위해 줄에 매듭을 짓는 결승법quipu을 이용했다. 늘어진 줄의 개수, 매듭의 개수와 간격을 이용하여 수를 표현했다. 그 외에 돌멩이를 쌓아 수를 나타내기도 했는데, 실제 미적분학을 지칭하는 calculus는 돌멩이를 뜻하는 라틴어에서 유래했다. calculus의 어원을 통해

잉카 문명의 결승법

미적분학이라는 높은 수준의 수학도 돌멩이를 통해 개수를 세던 원시적인 수 개념에 그 뿌리를 두고 있다는 점을 확인할 수 있다.

개수를 표시하기 위해 조개껍질을 이용하기도 했다. 예를 들어 20마리의 양을 소유하고 있을 때 양의 마릿수와 같은 개수만큼의 조개껍질을 준비하고, 양이 모두 있는지 알아보기 위해 양 한 마리와 조개껍질 하나씩을 대응시켜 조개껍질이 남거나 모자라는지 또는 맞는지를 확인하는 식이다. 이런 일대일 대응의 원리는 뉴기니 파푸스족이 신체를 이용해 수를 세는 방식에서 찾아볼 수 있다. 파푸스족은 1부터 41까지의 수를 신체의 각 부위에 대응시켰는데, 예를 들어 오른쪽 새끼손가락은 1을 나타낸다. 파푸스족뿐 아니라 오세아니아, 아프리카, 아메리카 대륙의 여러 원주민이 이용한 이 방법은 큰 수를 나타내기에 불편했고 수를 셈하거나 기록하기도 번거로웠기 때문에 수를 나타내는 기호를 고안할 필요를 절실하게 느끼게 되었다.

아라비아 숫자의 등장과 보급

역사를 살펴보면 문명권마다 고유한 숫자를 고안해서 사용했다. 이집트, 바빌로니아, 그리스, 로마, 중국 등은 각기 나름의 방식으로 숫자를 만들어 사용했다. 언어가 각양각색인 것처럼 숫자도 모두 달랐던 것이다. 하지만 현재 인류는 아라비아 숫자를 공통으로 사용하고 있어 전 세계 어디를 가더라도 쉽게 수치

정보를 이해할 수 있다. 아라비아 숫자가 기존의 숫자에 비해 월등한 비교우위를 지니면서 세계적인 공통 숫자로 등극한 덕분이다.

그러나 아라비아 숫자가 받아들여진 과정도 그리 순탄하지만은 않았다. 아라비아 숫자가 유럽에 전해지기 시작한 것은 대략 10세기 말이다. 이 시기 교황 실베스터 2세Pope Sylvester II, 946~1003는 아라비아 숫자를 이용해 수판을 만드는 등 아라비아 숫자의 보급에 선구자 역할을 했다. 13세기 초 이탈리아의 피보나치Leonardo Fibonacci, 1170?~1250?는 『산반서Liber Abaci』를 통해 아라비아 숫자를 적극적으로 소개했다. 그러나 로마 숫자와 아라

100
-
101

아라비아 숫자가 적힌 피보나치의 『산반서』

비아 숫자 사이의 대립은 상당 기간 동안 계속되었다. 심지어 1299년 피렌체에서는 상인들이 아라비아 숫자를 사용하지 못하도록 금지령을 내리기도 했다. 하지만 아라비아 숫자는 수백 년에 걸쳐 서서히 뿌리를 내리며 다른 모든 숫자를 평정한다.

계산가라는 직업

아라비아 숫자의 등장 이전 유럽에서는 로마 숫자를 사용했다. 그런데 로마 숫자로 표기할 경우 계산이 쉽지 않기 때문에 당시 수판을 이용하여 계산을 전문적으로 해주는 사람들이 존재했다. 현대에 법적 문제를 다루는 변호사가 있는 것처럼 복잡한 계산을 대행해주는 계산가들이 하나의 직업군을 이루고 있었다. 그런데 아라비아 숫자를 이용할 경우 일반 상인들도 자릿값을 맞추어 세로로 셈을 하면 그리 어렵지 않게 계산할 수 있어서 계산가의 존재가 위태로워졌다.

유럽의 지배층 역시 여러 이유를 들어 아라비아 숫자의 확산을 막고자 했다. 그중의 하나는 아라비아 숫자가 3을 8로, 1을 7로 바꾸거나 0을 붙여 수의 자릿값을 늘리는 식으로 위조가 쉽다는 점이었다. 조선시대 훈민정음이 창제되었을 때 양반 계층에서는 한글을 언문諺文이라고 격하하며 한문漢文을 숭상한 것과 마찬가지로, 유럽의 기득권층은 아라비아 숫자에 맞서 로마 숫자의 전통을 지키고자 했다.

수판파와 필산파의 대결

1503년 출판된 그레고리 라이쉬Gregorius Reisch의 『철학헌장』에는 흥미로운 목판화가 실려 있다. 이 작품은 로마 숫자를 쓰는 수판파abacist와 아라비아 숫자를 사용하는 필산파algorist 사이의 대립을 묘사한다. 목판화의 중앙에는 산술 여신이 서 있고, 오른쪽에는 승려 복장을 한 수판파가, 왼쪽에는 상인 복장을 한 필산파가 각각 계산을 하고 있다. 일설에 따르면 수판파는 피타고라스를, 필산파는 보이티우스를 그린 것이라고 한다. 산술 여신이 필산파를 바라보고 있고, 입고 있는 드레스에는 아라비아 숫자가 새겨 있기 때문에 필산파의 승리를 암시한다고 해석된다.

『철학헌장』에 실린 목판화

아라비아 숫자의 정착

앞의 목판화가 나온 16세기 초에는 아라비아 숫자와 로마 숫자가 경합을 벌였지만, 17세기에 이르러서는 아라비아 숫자가 보편화되었음을 암시하는 그림이 있다. 로랑 드 라 이르Laurent de La Hyre의 1650년 작품 〈산술의 알레고리〉를 자세히 보면 종이에 1부터 12까지의 아라비아 숫자, 덧셈 4913 + 2567 = 7480, 뺄셈 5968 − 3257 = 2711, 곱셈 37995 × 27 = 1025865, 그리고 짝수par와 홀수impar가 적혀 있고, 종이 뒤의 밤색 책에는 피타고라스PYTHAGORAS라고 새겨 있다. 이 그림은 위치적 수체계를 적용한 아라비아 숫자와 그 계산법을 구체적으로 보여주고 있어, 당시 아라비아 숫자와 그 계산이 상용화되었음을 드러낸다.

로랑 드 라 이르의
〈산술의 알레고리〉

N

mathematics
&
art

수학
&
미술

01

준정다면체

&

명화 <파치올리의 초상>

명화 <파치올리의 초상>

르네상스 시대의 화가 바르바리Jacopo de' Barbari, 1460? ~ 1516?는 1495년 〈파치올리의 초상〉이라는 제목의 작품을 남겼다. 이 그림의 주인공인 파치올리Luca Pacioli, 1447? ~ 1517는 이탈리아의 수학자이자 수도사였다. 수학자가 주인공인 만큼 이 그림에는 수학과 관련된 다양한 소재가 담겨 있다. 그림의 탁자 오른쪽에는 정다면체인 정십이면체가 놓여 있고, 왼쪽 위에는 준정다면체의 일종인 부풀린 육팔면체가 매달려 있다. 파치올리의 왼손이 가리키고 있는 책은 정다면체에 대한 설명이 실려 있는 유클리드의 『원론』 중 13권이다. 또 오른손으로는 컴퍼스를 들고 정오각형을 작도하고 있는데, 정오각형은 정십이면체를 이루는 면이기 때문에 탁자에 놓인 정십이면체와 연결 지을 수 있다.

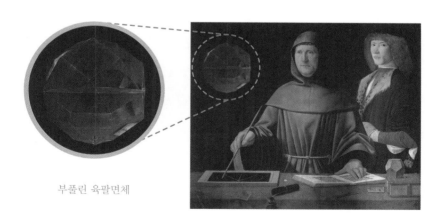

부풀린 육팔면체

바르바리의 〈파치올리의 초상〉

준정다면체란?

정다면체는 각 면이 모두 합동인 정다각형이고 각 꼭짓점에 모인 면의 개수가 같은 다면체이다. 플라톤이 지고한 가치를 두었기에 플라톤 입체Platonic solid라고 불리는 정다면체에는 정사면체, 정육면체, 정팔면체, 정십이면체, 정이십면체의 5가지가 있다. 이러한 정다면체의 조건에 완전히 부합되지는 않지만 부분적으로 조건을 충족시키는 것이 준정다면체이다. 준정다면체는 두 종류 이상의 합동인 정다각형으로 이루어지며 각 꼭짓점에 모인 정다각형의 종류와 개수가 같은 다면체이다. 각기둥prism과 엇각기둥antiprism도 준정다면체의 정의를 만족시키기는 하지만 흔히 준정다면체는 다음 13가지를 말한다.

〈13가지 준정다면체〉

깎은 정사면체, 깎은 정육면체, 깎은 정팔면체,

깎은 정십이면체, 깎은 정이십면체,

육팔면체, 깎은 육팔면체, 부풀린 육팔면체,

다듬은 육팔면체, 십이이십면체, 깎은 십이이십면체,

부풀린 십이이십면체, 다듬은 십이이십면체

준정다면체는 아르키메데스가 발견했기 때문에 아르키메데스 입체Archimedean solid라는 이름이 붙어 있지만, 실제 아르키메데스가 남긴 기록은 전해오지 않는다. 아르키메데스보다 몇백 년 후의 수학자인 파푸스가 남긴 문헌에 아르키메데스가 13가지의 준정다면체를 발견했다는 사실이 언급되어 있을 뿐이다.

이후 준정다면체에 대한 연구는 르네상스 시대에 이르러 다시 활발하게 이루어졌는데, 그 시발점이 된 학자가 프란체스카 Piero della Francesca, 1415? ~ 1492이다. 프란체스카는 『5가지의 정다면체에 관하여』라는 책에 정다면체를 깎아서 만든 5가지의 준정다면체와 육팔면체에 대해 기술한 것으로 알려져 있으나 이 책 역시 현재는 전해오지 않는다. 그 대신 프란체스카의 화실을 출입했던 소년 파치올리가 1509년 출간한 『신성 비례』에서 프란체스카가 발견한 6가지의 준정다면체와 자신이 발견한 '부풀린 육팔면체'와 '십이이십면체'를 소개했다.

프란체스카는 준정다면체에 대한 연구뿐 아니라 『회화의 원근법에 관하여』를 통해 원근법을 이론화한 화가이기도 하다. 그의 대표작인 〈그리스도의 책형〉은 원근법을 적절하게 구사하며 현실감 있게 표현했기 때문에 당시의 사람들은 사진과도 같이 사실적인 그림을 보고 공포심까지 느꼈다고 한다. 기하학적 방법론에 의거한 프란체스카의 원근법은 파치올리를 통해 레오나르도 다빈치에게 전해진다.

프란체스카의 〈그리스도의 책형〉

깎은 정다면체를 만드는 방법

준정다면체 중에서 프란체스카가 발견한 정다면체를 깎아서 만
든 5가지의 준정다면체에 대해 알아보자. 깎은 정사면체truncated
tetrahedron를 만들기 위해서는 우선 정사면체의 모서리를 3등분
한다. 그리고 꼭짓점이 포함되도록 3등분 점을 연결하여 절단
하면 그 단면은 정삼각형이 된다. 한편 정사면체의 정삼각형 면
은 세 방향의 절단에 의해 정육각형으로 바뀐다. 정사면체는 꼭
짓점 4개와 정삼각형 4개로 이루어지지만 깎은 정사면체는 정
삼각형 4개와 정육각형 4개로 이루어진다. 깎은 정사면체의 각
꼭짓점에는 정삼각형, 정육각형, 정육각형이 모이므로 간단하
게 (3, 6, 6)으로 표현한다.

깎은 정이십면체와 C_{60}

동일한 방식으로 만든 깎은 정이십면체는 모두 60개의 꼭짓점을 갖는데, 각 꼭짓점에는 정오각형, 정육각형, 정육각형이 모여 (5, 6, 6)으로 표현한다. C_{60}이라는 화학 분자의 구조로 유명한 버키볼bucky-ball이 바로 깎은 정이십면체처럼 생겼다. 깎은 정이십면체의 60개의 꼭짓점에 탄소 원자가 하나씩 위치한 C_{60}은 높은 온도와 압력을 견뎌낼 수 있을 만큼 강하게 결합하고 있다. 나노 기술에 활용도가 높은 C_{60}을 합성해낸 연구자들은 그 공로로 1996년 노벨 화학상을 수상했다.

깎은 정이십면체가 친숙하게 느껴지는 이유는 축구공 모양과 유사하기 때문이다. 깎은 정이십면체에 바람을 불어넣어 구가 되도록 한 축구공은 1970년 멕시코 월드컵의 공식구 '텔스타'에서 시작되었는데, 2006년 월드컵부터는 공식구가 바뀌었지만 주변에서 볼 수 있는 축구공은 여전히 깎은 정이십면체 모양이 대부분이다.

C_{60}

축구공

준정다면체	정다면체 ➡ 깎은 정다면체	꼭짓점에 연결된 정다각형	면	꼭짓점	모서리
깎은 정사면체		(3, 6, 6)	8	12	18
깎은 정육면체		(3, 8, 8)	14	24	36
깎은 정팔면체		(4, 6, 6)	14	24	36
깎은 정십이면체		(3, 10, 10)	32	60	90
깎은 정이십면체		(5, 6, 6)	32	60	90

육팔면체

육팔면체cuboctahedron는 정육면체cube로부터 만들 수도 있고 정팔면체regular octahedron로부터 만들 수도 있기 때문에 붙여진 명칭이다. 깎은 정다면체를 만들 때는 각 모서리를 3등분하였으나, 육팔면체를 만들 때는 각 모서리를 2등분하고 각 2등분 점을 이은 후 꼭짓점이 포함되도록 절단한다. 정육면체의 꼭짓점 8개는 절단을 통해 정삼각형이 되고, 정사각형 6개는 작은 정사각형으로 바뀌게 되어 육팔면체는 총 14개의 면을 갖는다. 정육면체와 동일한 과정을 정팔면체에 적용하면 마찬가지로 육팔면체를 얻을 수 있다.

한편 십이이십면체icosidodecahedron도 육팔면체와 유사한 성질을 갖는다. 육팔면체를 만들 때와 마찬가지로 정십이면체regular dodecahedron와 정이십면체regular icosahedron의 각 모서리를 2등분하고 각 2등분 점을 이으면 동일한 준정다면체가 만들어지는데, 그것이 바로 십이이십면체이다.

육팔면체가 양쪽으로 달린 굴뚝
(이스라엘)

준정다면체	형태	꼭짓점에 연결된 정다각형	면	꼭짓점	모서리
육팔면체		(3, 4, 3, 4)	14	12	24
십이이십면체		(3, 5, 3, 5)	32	30	60

쌍대다면체

쌍대다면체dual-polyhedron는 다면체의 각 면의 중심을 꼭짓점으로 해서 만든 다면체를 말한다. 쌍대다면체가 되기 위해서는 한 다면체의 면의 개수와 상대 다면체의 꼭짓점의 개수가 서로 같아야 한다. 정육면체의 면의 개수와 정팔면체의 꼭짓점의 개수는 6개로 일치하고, 정육면체의 꼭짓점의 개수와 정팔면체의 면의 개수는 8개로 일치하므로, 정육면체와 정팔면체는 쌍대다면체이다. 정십이면체와 정이십면체 역시 이 조건을 만족시키는 쌍대다면체이다. 준정다면체의 일원인 육팔면체와 십이이십면체는 각각 2개씩의 쌍대다면체로부터 만들어지는 것이다.

한편 면의 개수와 꼭짓점의 개수가 모두 4개인 정사면체의 쌍대다면체는 정사면체 자신이다. 사실 삼각뿔, 사각뿔과 같은 각뿔의 쌍대다면체는 자기 자신이 된다. n각뿔에서 꼭짓점의 개수와 면의 개수는 모두 $(n + 1)$이기 때문이다. 정사면체가 삼각뿔이기도 하다는 점을 상기하면 스스로 쌍대다면체가 되는 성질을 확인할 수 있다.

정다면체	면의 개수	꼭짓점의 개수
정사면체	4	4
정육면체	6	8
정팔면체	8	6
정십이면체	12	20
정이십면체	20	12

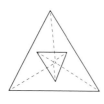

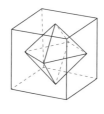

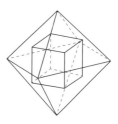

정사면체⇔정사면체   정육면체⇔정팔면체

부풀린 육팔면체

부풀린 육팔면체rhombi-cuboctahedron는 용어가 의미하는 바와 같이 정육면체 혹은 정팔면체를 부풀려서 만든다. 정팔면체에서 출발하여 부풀린 육팔면체를 만드는 과정을 살펴보자. 부풀리는 과정을 통해 정팔면체의 꼭짓점 6개는 정사각형으로 바뀌고, 모서리 12개 역시 정사각형으로 바뀌며, 정팔면체의 정삼각형 8개는 그대로 정삼각형으로 남는다. 따라서 부풀린 육팔면체에는 총 26개의 면이 존재한다.

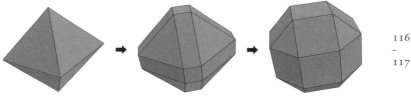

정팔면체   부풀린 육팔면체

파치올리의 『신성 비례』에는 부풀린 육팔면체가 실려 있는데, 이는 파치올리와 친분이 있던 레오나르도 다빈치가 그린 것이다. 바르바리의 〈파치올리의 초상〉에 부풀린 육팔면체가 그려진 이유를 여기에서 찾을 수 있다.

레오나르도 다빈치가 그린
부풀린 육팔면체

준정다면체	형태	꼭짓점에 연결된 정다각형	면	꼭짓점	모서리
부풀린 육팔면체	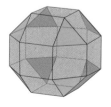	(3, 4, 4, 4)	26	24	48

밀러 다면체

한 꼭짓점에 연결된 정다각형이 (3, 4, 4, 4)인 다면체는 부풀린 육팔면체 이외에도 하나가 더 있다. 밀러 다면체Miller solid는 부풀린 육팔면체의 윗부분을 돌려서 만든 입체로, 몇몇 학자들은 밀러 다면체도 두 종류 이상의 합동인 정다각형들로 이루어지며 각 꼭짓점에 모인 정다각형들의 종류와 개수가 같은 다면체이므로 14번째 준정다면체가 되어야 한다고 주장한다. 그러나 밀러 다면체는 중앙의 8개의 정사각형 띠를 기준으로 윗부분과

부풀린 육팔면체

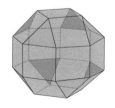

밀러 다면체

아랫부분이 구별되므로 아래와 위가 대칭인 다른 준정다면체들과 차이가 있어, 일반적으로는 준정다면체로 간주되지 않는다.

뒤러의 준정다면체

〈파치올리의 초상〉에서 파치올리의 옆에 있는 청년이 누구인가에 대해 여러 설이 있는데, 파치올리가 『산술집성』을 헌정했던 우르비노 공작 귀도발도라는 해석도 있지만 독일의 화가 뒤러 Albrecht Durer, 1471 ~ 1528로 추정된다는 설이 유력하다. 뒤러 역시 준정다면체에 관심이 많았고, 깎은 육팔면체와 다듬은 육팔면체를 찾아냈다.

준정다면체	형태	꼭짓점에 연결된 정다각형	면	꼭짓점	모서리
깎은 육팔면체		(4, 6, 8)	26	48	72
다듬은 육팔면체	(좌우형)	(3, 3, 3, 3, 4)	38	24	60

다듬은 육팔면체snub cuboctahedron는 용어가 의미하는 바와 같이 정육면체 혹은 정팔면체를 다듬어서 만드는데, 정육면체에서 출발하여 다듬은 육팔면체를 만드는 과정을 아래 그림에서 살펴보자. 다듬는 과정을 통해 정육면체의 꼭짓점 8개는 정삼각형으로 바뀌고, 각 모서리는 2개의 정삼각형으로 분화된다. 정육면체의 모서리는 모두 12개이므로 24개의 정삼각형이 만들어진다. 따라서 정삼각형은 총 32개이다. 한편 정육면체의 정사각형 6개는 이 과정을 통해 그대로 정사각형으로 남으므로 다듬은 육팔면체의 면은 총 38개이다.

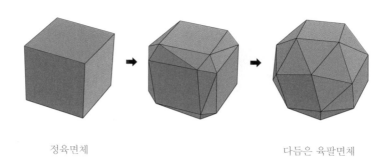

정육면체   다듬은 육팔면체

미술가 뒤러의 수학적 관심

뒤러는 이탈리아 중심의 르네상스를 유럽 북쪽에 전파하여 '북유럽의 미켈란젤로'라고 불린다. 다면체에 관심이 많았던 뒤러는 마방진과 관련하여 잘 알려진 작품 〈멜랑콜리아〉에 기이한 모양의 다면체를 그려 넣었다. 〈멜랑콜리아〉의 왼쪽 중간에 놓

인 다면체를 깎은 능면체truncated rhombohedron 혹은 뒤러의 입체
Dürer's solid라고 한다.

우선 능면체는 6개의 마름모로 이루어진 입체로, 정육면체
를 비스듬하게 기울인 모양이다. 능면체에서 가장 뾰족한 꼭짓
점 2개를 절단하면 그 단면은 삼각형이 되고, 원래의 마름모 6
개는 오각형으로 바뀐다. 마름모의 내각이 72°, 108°일 때 절단
에 의해 만들어진 오각형의 내각은 126°, 108°, 72°, 108°, 126°
이다. 이를 통해 만들어진 깎은 능면체는 삼각형 2개와 오각형
6개로 이루어진 팔면체이다.

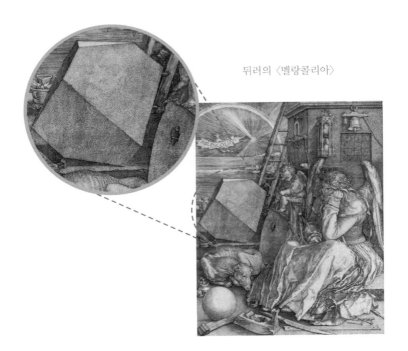

뒤러의 〈멜랑콜리아〉

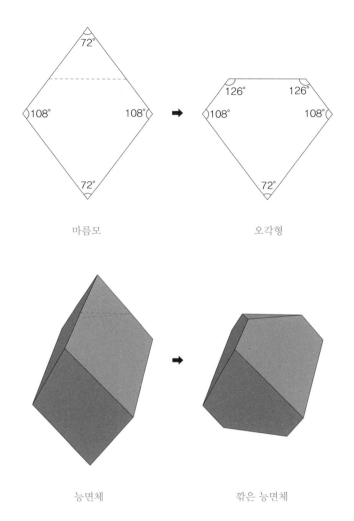

마름모

오각형

능면체

깎은 능면체

원뿔의 절단면: 타원 vs 달걀

사물의 형태에 특별한 관심을 가지고 탐구한 뒤러는 흥미로운
추측을 내놓기도 했다. 뒤러는 원뿔을 비스듬하게 절단하면 그

단면은 타원이 아니라 아래쪽이 더 둥근 달걀 모양이 된다고 주장하였다. 원뿔을 밑면과 평행하게 절단하면 그 단면은 원이고, 점차 기울이면서 절단하면 단면의 아래쪽은 처음 원보다 넓어지고, 위쪽은 좁아지므로 단면의 모양은 타원이 아니라 달걀 모양이라고 생각한 것이다. 그러나 당들랭Germinal Pierre Dandelin, 1794~1847은 원뿔을 비스듬하게 절단한 단면이 타원이 된다는 것을 내접하는 구를 이용하여 밝혀냈다.

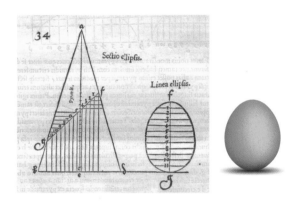

뒤러가 생각한 원뿔의 절단면은 달걀 모양

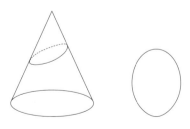

원뿔의 절단면은 타원

파치올리의 『산술집성』

파치올리는 준정다면체에 대한 기하학 연구도 했지만, 또 다른 저서 『산술집성』에서 복잡한 상거래를 한눈에 파악할 수 있게 해주는 복식부기를 처음 제안했기 때문에 '회계학의 아버지'라고 불린다. 파치올리가 활동한 베네치아는 당시 무역의 중심지로 체계적인 회계가 절실하게 요구되었는데, 필요가 발견을 가져온다는 진리를 여기서도 확인할 수 있다.

『산술집성』에 실린 '72의 법칙rule of 72'은 복리금리를 적용할 때 원금이 2배가 되는 기간은 72를 복리금리로 나누면 된다는 계산 규칙을 말한다. 예를 들어 연복리가 4%인 경우 원금이 2배가 되는 데 소요되는 기간은 72를 4로 나눈 18년이다. 물론 이는 대략적인 값이므로 오차가 존재하기는 하지만 그리 크지 않을 뿐더러 72는 약수가 많아 계산이 간편하여 일반인들도 쉽게 이용할 수 있다는 장점이 있다.

72의 법칙을 유도해보자

72의 법칙이 어떻게 나오게 되었는지 그 과정을 생각해보자.

연복리가 r이고 원금이 x일 때 원금의 2배가 되는 기간을

n년이라 하자. 그러면 $2x = x(1+r)^n$이 성립한다.

x는 0이 아니므로 양변을 x로 나누면 $2 = (1+r)^n$이고,

여기에 자연로그를 취하면 $\ln 2 = \ln(1+r)^n = n\ln(1+r)$이며

따라서 $n = \dfrac{\ln 2}{\ln(1+r)}$이다.

이제 분모와 분자를 나누어 살펴보자.

분모를 y로 두면 $y = \ln(1+r)$이고 $r = 0$에서의 접선의 방정식은

$y = r$이므로 $r = 0$ 근방에서 $\ln(1+r) \fallingdotseq r$이다.

한편 분자 $\ln 2 \fallingdotseq 0.693$이므로

$n = \dfrac{\ln 2}{\ln(1+r)} \fallingdotseq \dfrac{0.693}{r}$ 이다.

이제 0.693에 근접하면서 계산이 간편한 0.72로 대체하여 식을

적으면 다음과 같다.

$n = \dfrac{0.72}{r}$

$\ln 2$의 근삿값인 0.693, 즉 69.3의 법칙을 이용하면 오차가
줄 것 같지만, 다음 표에서 보듯이 금리 r이 커지면 $\ln(1+r)$과
r의 차이가 커진다. 다음 표를 보면 연 복리 3%까지는 69.3의
법칙이 더 정확하지만, 연 복리 4%부터는 72의 법칙이 더 정확
함을 알 수 있다.

연 복리	원금의 2배가 되는 데 걸리는 정확한 기간	72의 법칙	69.3의 법칙
0.25%	277.605	288.000	277.200
0.5%	138.976	144.000	138.600
1%	69.661	72.000	69.300
2%	35.003	36.000	34.650
3%	23.450	24.000	23.100
4%	17.673	18.000	17.325
5%	14.207	14.400	13.860
6%	11.896	12.000	11.550
7%	10.245	10.286	9.900
8%	9.006	9.000	8.663
9%	8.043	8.000	7.700
10%	7.273	7.200	6.930
11%	6.642	6.545	6.300
12%	6.116	6.000	5.775

복리와 폭리

원금에 이자를 붙여 다시 원금화하고, 여기에 이자를 또 붙이는 복리複利는 저축하는 사람에겐 복을 주는 복리福利이고, 빚을 못 갚는 사람에겐 고통을 주는 폭리暴利가 될 수 있다. 복리의 이러한 특성을 파악한 아인슈타인은 '우주에서 가장 강력한 힘은 복리'라고 언급했다. 전설적 펀드매니저 피터 린치는 '복리의 힘을 믿어라'라는 투자 금언을 남기고, 복리의 효과를 극적으로 보여주는 예를 들었다. 1626년 미국 원주민(인디언)은 백인 이주자에게 60길드에 해당하는 물품을 받고 맨해튼을 팔았다. 1626년의 60길드가 몇 달러의 가치인지에 대해 여러 가지 해석이 있지만, 한 역사학자는 24달러로 산정했다. 원주민이 어리석게도 헐값에 맨해튼을 팔았다고 생각하기 쉽지만, 복리로 계산해보면 반드시 그렇지만은 않을 수 있다. 만약 원주민이 연 6% 복리로 예금했다고 가정하고, 2016년까지 390년 동안 복리를 적용하여 계산하면 $24(1 + 0.06)^{390} ≒$ 177,622,793,082달러로 엄청난 금액이 된다. 그렇지만 단리를 적용하면 $24(1 + 390 \times 0.06) = 585.6$달러밖에 되지 않아 단리와 복리의 결과는 천지 차이가 난다.

르네상스적 인간

파치올리는 수도사이면서 회계학 분야에도 큰 획을 긋는 업적을 남겼고, 준정다면체에 대한 연구뿐 아니라 고대 그리스의 황금비를 재조명하며 수학 분야에도 크게 기여했다. 흔히 르네상스적 인간이라 하면 다방면에서 재능을 발휘한 인간을 뜻하는데 파치올리는 여러 분야에 능통한 진정한 르네상스적 인간이었다.

02

—

비유클리드 기하학
&
에스허르의 작품

에스허르의 작품 세계

네덜란드의 에스허르Maurits Cornelis Escher, 1898 ~ 1972는 수학 원리를 작품에 반영한 미술가로 유명하다. 그는 동일한 형태를 빈틈이나 겹침이 없이 반복 배치하여 평면이나 공간을 완벽하게 채우는 테셀레이션tessellation을 미술의 한 장르로 정착시켰다. 에스허르는 초기에 풍경화를 그렸지만, 스페인

〈라벨로와 아말피 해변〉(1931년)

그라나다에 있는 이슬람 유적인 알람브라 궁전을 방문한 후에는 아라베스크 무늬에서 영감을 받아 테셀레이션 창작에 몰두하였다.

알람브라 궁전의 모자이크

에스허르의 스케치(1936년)

테셀레이션

에스허르는 새, 도마뱀, 나비 등의 동물을 모티브로 평행이동, 대칭이동, 회전이동, 미끄러짐반사의 네 가지 합동변환을 적용시켜 다양한 테셀레이션 작품을 만들었다. 다음 작품 중 도마뱀의 경우 정육각형을 변형시킨 것으로, 정육각형을 기준으로 밖으로 튀어나온 부분과 안으로 들어간 부분의 모양이 합동이다. 에스허르는 이렇게 만들어진 도마뱀을 연속적으로 합동변환시켜 면을 채우고 테셀레이션을 완성하였다.

〈두 마리 새〉(1938년)　　〈도마뱀〉(1939년)　　〈나비〉(1948년)

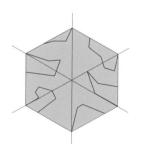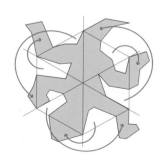

동일한 대상을 반복시키는 테셀레이션에 몰두하던 에스허르는 점차 다양한 시도를 하는데, 그 한 예가 〈변형 2〉이다. 이 작품은 변형을 뜻하는 단어 METAMORPHOSE로 시작해 직선-흑백 바둑판-도마뱀-벌집-벌-물고기-새-정육면체-집-체스판-흑백 바둑판-직선으로 끊임없이 변화하다가 마지막에는 처음에 시작한 단어로 끝난다. 1940년에 발표한 이 작품은 높이가 20센티미터밖에 되지 않지만 길이는 4미터나 된다.

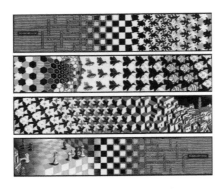

〈변형 2〉(1940년)

에스허르와 콕세터의 원 극한

1954년 네덜란드 암스테르담에서 개최된 세계수학자대회에서는 에스허르의 작품 전시가 이루어졌는데, 이는 미술과 수학의 조우遭遇라는 면에서 의미 있는 기회를 제공했다. 이 전시를 방문하며 에스허르를 알게 된 캐나다의 수학자 콕세터Harold Scott

MacDonald Coxeter, 1907 ~ 2003는 1957년 캐나다 왕립 학회에서 발표한 강연 원고를 에스허르에게 보냈다. 원고에는 쌍곡기하학을 구현한 '원 극한'이 포함되어 있는데, 이 그림에서는 원의 중심에서 가장자리로 갈수록 대상이 작아진다. 원 극한에 포함된 삼각형들은 크기가 다르지만 쌍곡기하학에서는 모두 합동이 된다.

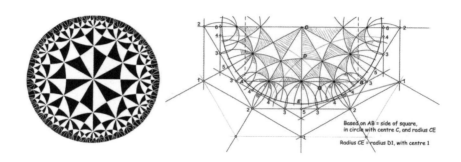

콕세터의 '원 극한'

에스허르는 콕세터의 원 극한에서 아이디어를 얻어 동일한 모양과 크기의 대상을 반복시키던 이전 작품을 변형하여 대상의 크기를 확대하거나 축소하면서 반복 배치하는 작품을 만들어낸다. 에스허르는 1958년과 1960년 사이에 네 개의 〈원 극한 circle limit〉 시리즈를 발표했다. 〈원 극한 4〉의 경우 하얀색 천사와 검은색 악마(박쥐)로 구성되어 있기에 '천국과 지옥'이라는 부제가 붙어 있다.

〈원 극한 1〉(1958년)

〈원 극한 2〉(1959년)

〈원 극한 3〉(1959년)

〈원 극한 4〉(1960년)

<유클리드의 산책>

평행선은 용어가 의미하듯이 서로 만나지 않는 직선을 말하지
만, 초현실주의 화가인 마그리트René Magritte, 1898 ~ 1967는 〈유클
리드의 산책〉에서 이를 살짝 비틀고 있다. 이 그림의 중간에는
원뿔 모양이 두 개 들어 있는데, 왼쪽은 탑이고 오른쪽은 평행
한 대로를 그린 것이다. 실제 공간에서는 평행선이지만 2차원
화폭으로 옮기면서 원근법을 적용하였기 때문에 멀리서 만나는

것처럼 그려져 있다. 이 그림을 자세히 보면 두 사람이 함께 걸어가고 있다. 〈유클리드의 산책〉이라는 제목이 말하고 있듯이 산책하고 있는 두 사람 중 한 사람은 유클리드이고 나머지는 마그리트로 추측된다. 마그리트는 원근을 표현하기 위해 평행선이 서로 만나는 것으로 그린 이 그림에 평행선의 성질을 이론화한 유클리드를 등장시켜 평행선의 역설을 더욱 극적으로 드러냈다.

마그리트의 〈유클리드의 산책〉

평행선 공준

유클리드 기하학은 기본 전제로 받아들이고 시작하는 5개의 공리와 5개의 공준을 토대로 전개되는데, 5개의 공준 중 마지막이 '평행선 공준'이다. 평행선 공준은 '한 직선이 두 직선과 만날 때, 같은 쪽에 있는 내각의 합이 2직각(180°)보다 작으면 이두 직선을 연장할 때 2직각보다 작은 내각을 이루는 쪽에서 반드시 만난다'이다. 플레이페어John Playfair, 1748 ~ 1819는 유클리드의 평행선 공준을 이해하기 쉽도록 '한 직선과 그 직선 밖의 한 점이 주어졌을 때 그 점을 지나면서 주어진 직선에 평행한 직선은단 하나 그을 수 있다'라고 재진술하였다.

플레이페어가 간단하게 설명하긴 했지만, 평행선 공준은 다른 공리나 공준과는 달리 진술이 길고 의미하는 바도 직관적으로 자명하지 않다. 또한 다른 공준은 『원론』 전체에 걸쳐 여러번 이용되는데 평행선 공준은 『원론』 1권 명제 29의 증명에서단 한 차례만 이용된다. 그러다 보니 평행선 공준은 증명 없이받아들이는 전제가 아니라 나머지 공준으로부터 증명해낼 수있는 명제라고 의심하게 되었다. 한 예로 『원론』의 주석서를 작성한 프로클로스Proclus, 412 ~ 485는 평행선 공준에서 공준의 자격을 박탈해야 한다고 주장하면서 나머지 4개의 공준으로부터 평행선 공준을 이끌어내려고 시도하였다. 무결점의 완벽한 체계인 『원론』에서 평행선 공준은 옥에 티로 여겨진 것이다.

비유클리드 기하학의 태동

수많은 수학자들은 『원론』이 저술된 기원전 3세기부터 18세기까지 2000년이 넘는 기간 동안 평행선 공준을 증명하려고 수많은 시도를 했지만 모두 무위로 돌아갔다. 한 예가 18세기 이탈리아의 목사이자 수학자인 사케리Girolamo Saccheri, 1667 ~ 1733의 시도이다. 사케리는 ∠A = ∠B = 90°이고 $\overline{AD} = \overline{BC}$인 사각형 ABCD에서 ∠C = ∠D임을 보였다. ∠C와 ∠D가 모두 예각이거나 직각이거나 둔각인 세 가지 가능성이 있는데, 이를 각각 예각가설, 직각가설, 둔각가설이라고 명명한다. 사케리는 예각가설과 둔각가설이 모두 모순에 이른다는 것을 보임으로써 직각가설이 성립함을 증명하고, 이 직각가설이 평행선 공준을 함의한다는 것을 이끌어내고자 했다. 그러나 오랜 시도 끝에 예각가설과 둔각가설로부터 모순을 이끌어내는 것이 불가능하다는 것을 인정했고, 이를 통해 비非유클리드 기하학의 출현을 예고했다.

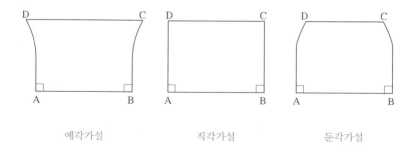

예각가설   직각가설   둔각가설

보여이와 로바쳅스키의 쌍곡기하학

사케리가 비유클리드 기하학의 서막을 열었다면 본격적인 아이디어의 전개는 19세기 헝가리의 보여이János Bolyai, 1802 ~ 1860와 러시아의 로바쳅스키Nikolai Lobachevskii, 1792 ~ 1856에 의해 이루어졌다. 두 수학자는 사케리의 예각가설, 혹은 평행선을 무수히 많이 그을 수 있다는 가정에서 출발하여 모순 없는 기하학 체계를 구축하였는데, 이를 쌍곡기하학hyperbolic geometry이라고 한다.

보여이와 로바쳅스키는 각각 독립적으로 쌍곡기하학의 아이디어에 도달했고, 두 수학자 모두 1830년을 전후하여 이에 대한 논문을 발표했다. 야노시 보여이의 아버지인 파르카스 보여이는 수학 교사로 평행선 공준에 관심을 가지고 있었고, 그 관심사를 이어받은 아들 야노시 보여이가 결국 쌍곡기하학의 아이디어를 생각해냈다. 파르카스 보여이는 친구인 가우스에게 이에 대한 편지를 보냈지만, 가우스는 자신이 이미 수년 전 그 아이디어를 생각해냈다고 답신했다. 가우스의 편지를 받고 상심한 파르카스 보여이는 아들에게 비유클리드 기하학에 대한 연구를 중단하라고 간청하는 서신을 보냈고, 보여이의 아이디어는 생전에 빛을 보지 못했다. 로바쳅스키의 경우도 다르지 않아 당대에는 인정받지 못한 채 무명으로 생을 마쳤다.

유클리드 기하학의 아성에 도전하며 반기를 들었던 보여이와 로바쳅스키는 독일, 프랑스, 영국과 같은 수학 연구의 주류에서 멀리 떨어져 있었다. 수학 연구의 변방에 있다는 점은 쌍곡기하학의 개혁적인 아이디어를 거침없이 진전시키는 데 유리한 면도 있었지만 수학계의 인정을 받는 데는 장벽으로 작용했다. 그러나 보여이와 로바쳅스키는 사후에 모두 그 공로를 인정받아, 헝가리는 보여이상을 제정했고 러시아는 1992년 로바쳅스키 탄생 200주년 기념 주화를 발행했으며, 쌍곡기하학을 보여이-로바쳅스키 기하학Bolyai-Lobachevskian geometry으로 명명하기도 한다.

보여이상 메달   로바쳅스키 기념 주화

실제 수학의 황제라고 불리는 가우스는 삼각형의 세 내각의 합이 180°보다 작다는 가정에서 출발한 기하학 체계에 어떠한 모순도 생기지 않는다는 것을 알아내고, 비유클리드 기하학의 출현을 일찍이 예견했다. 가우스는 비유클리드 기하학이라는 명칭을 만들어낸 장본인이면서도 평생 비유클리드 기하학과 관련된 어떠한 공식적인 발표도 하지 않았다. 당대의 수학계가 비유클리드 기하학이라는 혁명적인 아이디어를 받아들이기 어려워서라는 추측도 있지만, 신이 조화로운 유클리드 기하학의 세

계를 창조했다는 믿음을 깨지 않으려는 가우스의 종교적인 신념이 작용한 것이라는 해석도 있다.

쌍곡기하학의 직선과 평행선

쌍곡기하학에서 직선은 원의 호의 일부분이다. 더 정확히 말하면 원주 위의 접선과 수직으로 만나는 호이다. 왼쪽 그림에서 직선 l이 있고, 직선 밖의 한 점 P가 있을 때 P를 지나는 직선 l_1, l_2, l_3는 모두 l과 만나지 않는 평행선이다. 쌍곡기하학에서는 평행선이 유일하게 존재하는 것이 아니라 무수히 많은 평행선이 존재할 수 있다. 오른쪽의 〈원 극한 1〉에서 붉은색 선들은 쌍곡기하학의 직선에 해당한다.

여러 개의 평행선이 존재하는 쌍곡기하학　　　　　〈원 극한 1〉

쌍곡기하학에서 삼각형의 세 내각의 합은 180°보다 작다. 쌍곡면은 말안장과 같은 형태의 면으로 모델화할 수 있는데, 이런 면에 삼각형을 그리면 세 내각의 합은 180°보다 작아진다.

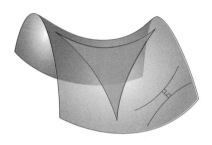

쌍곡면에서 삼각형의 세 내각의 합 < 180°

리만의 구면기하학

사케리의 예각가설에 대응되는 것이 쌍곡기하학이라면, 둔각가설에 대응되는 것이 구면기하학이다. 구면기하학spherical geometry은 용어가 의미하는 바와 같이 구면球面에서의 기하학이다. 실제 지구는 구와 근접한 타원체이기 때문에 구면기하학은 일면 우리에게 익숙한 공간을 다룬다. 공간에서 두 점을 잇는 가장 짧은 선을 측지선geodesic line이라고 하는데, 유클리드 기하학에서 측지선은 두 점을 잇는 직선이 되고, 구면기하학에서 측지선은 두 점을 지나는 대원大圓의 호弧가 된다. 예를 들어 서울과 LA 사이의 비행경로를 평면지도에 표시하면 곡선이 되어 최단 거리가 아니라고 생각할 수 있지만, 지구본에서 보면 최단 경로에 가깝다.

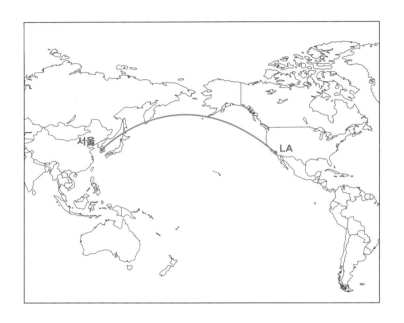

　구면기하학의 아이디어를 제시한 것은 가우스의 제자인 리만 Bernhard Riemann, 1826 ~ 1866이다. 현대수학 최고의 난제難題로 꼽히는 리만가설을 내놓았던 리만은 1854년 괴팅겐대학에서 '기하학의 기초를 이루는 가설에 대하여'라는 유명한 강연을 했는데, 여기서 곡면이 휘어진 정도를 나타내는 곡률曲率, curvature을 척도로 기하학을 구분했다. 이에 따르면 유클리드 기하학은 곡률이 0인 공간이고, 0을 기준으로 곡률이 양수인 구면기하학과 음수

인 쌍곡기하학으로 분류할 수 있다. 리만은 구면기하학을 이론
화했을 뿐 아니라 공간에 대한 예리한 통찰로 미분기하학, 다양
체, 고차원 기하학의 아이디어를 도출하였다.

구면기하학의 평행선

구면기하학에서의 직선은 두 점을 지나는 대원의 호이므로, 임
의의 두 직선은 왼쪽 그림에서 보듯이 반드시 두 점에서 만날
수밖에 없다. 따라서 한 직선과 직선 밖의 한 점이 주어졌을 때
그 점을 지나면서 그 직선과 평행한 선은 존재하지 않는다. 또
한 구 위에 삼각형을 그리면 오른쪽 그림과 같이 뚱뚱한 삼각형
이 되어, 구면기하학에서 삼각형의 세 내각의 합은 180°보다 커
진다.

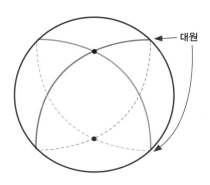

구면에서의 두 직선

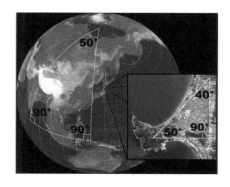

구면에서 삼각형의 세 내각의 합 > 180°

기하학의 해방

지금까지 알아본 유클리드 기하학과 두 가지 비유클리드 기하학은 평행선 공준, 삼각형의 세 내각의 합, 곡률의 측면에서 다음과 같은 차이점이 있다.

	유클리드 기하학	비유클리드 기하학	
		쌍곡기하학	구면기하학 (타원기하학)
창시자	유클리드	보여이, 로바쳅스키	리만
평행선 공준	평행선은 1개	평행선은 무수히 많음	평행선은 존재하지 않음
삼각형의 세 내각의 합	180°	180°보다 작음	180°보다 큼
곡률	0	음수	양수

유클리드의 『원론』은 수학의 성서에 비유될 만큼 절대적인 권위를 가지고 있었고, 그 어느 누구도 유클리드 기하학의 공리체계를 부정하기는 어려웠다. 그런 의미에서 볼 때 비유클리드 기하학은 실재하는 물리적 공간에 얽매이지 않고 인공적인 기하학을 창안한 코페르니쿠스적인 발상의 전환이라고 할 수 있다. 기하학이 유일하다는 사고에서 벗어나 새로운 전제 위에 새로운 기하학 체계를 구축한 '기하학의 해방'을 통해 이제 기하학은 유일하지 않고 복수로 존재할 수 있게 되었다.

이처럼 새로운 기하학이 발표되고 약 60년 뒤, 아인슈타인 Albert Einstein, 1879 ~ 1955은 우주가 평평하지 않고 중력에 의해서 휘어 있음을 밝혔다. 비유클리드 기하학은 아인슈타인의 일반 상대성이론을 전개하는 공간에 대한 기초 이론을 제공하였다는 면에서 현대 물리학의 발전에 기여했다.

택시기하학

19세기 독일의 수학자 민코프스키가 제안한 택시기하학taxicab geometry도 유클리드 기하학이 아닌 기하학의 예가 될 수 있다. 유클리드 기하학에서 두 점 $A(x_1, y_1)$과 $B(x_2, y_2)$ 사이의 거리 d는 피타고라스의 정리를 이용하여 다음과 같이 구한다.

택시기하학을 다룬
수학책

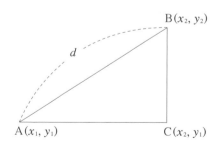

$$d = \sqrt{(x_2 - x_1)^2 + (y_2 - y_1)^2}$$

그런데 가로, 세로 바둑판 모양의 도로망을 가진 도시에서 택시를 타고 A에서 B로 이동할 때 A와 B를 잇는 최단 거리인 직선으로 가로질러서 갈 수 없다. 도로망을 따라 A에서 C로, C에서 B로 가야 한다. 따라서 택시로 움직이는 거리 l은 다음과 같이 구한다.

$$l = |x_2 - x_1| + |y_2 - y_1|$$

이렇게 두 점 사이의 거리를 측정하는 것이 택시기하학이다. 다음 그림 중 초록색 직선이 유클리드 기하학에서 두 점을 잇는 최단 거리이지만, 택시기하학에서는 분홍색 경로, 보라색 경로, 노란색 경로가 모두 최단 거리가 된다. 실제 뉴욕 맨해튼의 도로망은 남북 방향의 대로avenue와 동서 방향의 거리street로 되어 있는 경우가 많기 때문에 택시기하학의 방식으로 거리를 산정하는 것을 맨해튼 거리Manhattan distance라고도 한다.

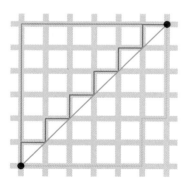

택시기하학의 원과 정삼각형

원은 한 점으로부터 같은 거리에 있는 점들의 집합이다. 택시기하학에서 이런 원의 정의를 만족시키는 점들을 찍으면 정사각형이 된다. 그 이유는 택시기하학에서의 거리 산정 방법을 생각해보면 된다. 다음 그림에서 격자간의 거리가 1이라고 할 때, 가장 왼쪽의 분홍색 점들은 보라색 중심으로부터 택시기하학의 거리가 2인 점들의 집합이다. 따라서 그런 점을 모두 연결한 중간 그림의 정사각형이 택시기하학의 원이다. 택시기하학에서 반지름이 2인 원의 함수식은 $|x| + |y| = 2$이다.

 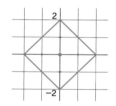

택시기하학에서
반지름이 2인 원

유클리드 기하학에서
반지름이 2인 원

마찬가지로 택시기하학의 정삼각형은 유클리드 기하학에서와 형태가 다르다. 정삼각형은 세 변의 길이가 같은 삼각형이다. 택시기하학의 거리 산정 방법을 적용할 때 다음 삼각형에서 $\overline{AB} = \overline{BC} = \overline{AC} = 4$이므로 세 변의 길이가 같다. 즉, 택시기하학의 정삼각형은 세 내각이 60°로 동일하지 않고, 45°, 45°, 90°

인 직각이등변삼각형이다.

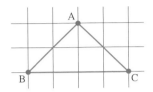

택시기하학의 합동 조건

유클리드 기하학에서는 두 삼각형의 (1) 세 변(SSS), (2) 두 변
과 그 끼인각(SAS), (3) 한 변과 그 양 끝각(ASA)이 같을 때
합동이 된다. 그렇다면 택시기하학에서는 어떨까? 예를 들
어 다음 두 삼각형 ABC와 DEF는 택시기하학에서 $\overline{AB} = \overline{DE}$,
$\overline{AC} = \overline{EF}$이고, $\angle A = \angle E = 90°$이므로 SAS 조건을 만족시킨
다. 그러나 두 삼각형을 포개었을 때 일치하지 않으므로 두 삼
각형은 합동이 아니다. 실제 택시기하학에서는 두 삼각형이
SASAS, 즉 세 변과 두 개의 끼인각이 같을 때 합동이 된다.

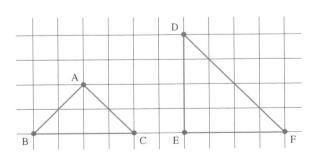

택시기하학은 지금까지 배워온 유클리드 기하학과 다르지만, 실제 우리가 살고 있는 세계에서는 두 지점 사이를 직선으로 꿰뚫고 갈 수 없는 경우가 대부분이기 때문에, 택시기하학에서 거리를 정의하는 방식이 더 현실적일 수 있다.

기하학의 해방, 그리고 대수학의 해방

19세기 수학사에서 획을 그을 만한 사건은 비유클리드 기하학의 출현에 따른 '기하학의 해방'이다. 그런데 대수학 분야에서도 그에 필적할 만한 성취가 있었으니, 바로 사원수四元數, quaternion의 등장에 따른 '대수학의 해방'이다.

아일랜드의 수학자 해밀턴William Rowan Hamilton, 1805 ~ 1865은 1843년 10월 16일 황혼 무렵 아내와 함께 더블린의 로얄 운하를 따라 산책하던 중, 네 개의 기본 원소로 이루어져 있으면서 곱셈의 교환법칙이 성립하지 않는 수에 대한 섬광 같은 아이디어를 떠올린다. 해밀턴은 이 아이디어를 메모하기 위해 브로엄 다리의 돌기둥에 곱셈표를 새겨 놓았는데, 추후 이를 기념하는 문장을 동판에 새겨 브로엄 다리에 설치하였다.

해밀턴의 사원수를 기념하는
브로엄 다리의 동판

Here as he walked by

on the 16th of October 1843

Sir William Rowan Hamilton

in a flash of genius discovered

the fundamental formula for

quaternion multiplication

$$i^2 = j^2 = k^2 = ijk = -1$$

& cut it on a stone of this bridge

1843년 10월 16일,

해밀턴경은 산책을 하다가

사원수의 곱셈을 다루는

기본 공식

$$i^2 = j^2 = k^2 = ijk = -1$$

에 대한 섬광 같은

천재적인 아이디어를 떠올리고,

여기 다리에 새겨놓는다.

수의 확장

자연수에서 출발하여 정수, 유리수, 실수, 복소수로 수의 범위를 확장한 것은 방정식을 만족시키는 해의 존재를 보장하기 위한 과정이라고 할 수 있다. 일차방정식 $x - 2 = 0$의 해 $x = 2$는 자연수 범위 내에서 구할 수 있다. 이 일차방정식에서 부호가 바뀌어 $x + 2 = 0$이 되면 해 $x = -2$를 구하기 위해서 수의 범위를 정수로 확장해야 한다. 더 나아가 일차방정식이 $2x - 1 = 0$으로 계수가 바뀔 때 해 $x = \frac{1}{2}$이 존재하기 위해서는 수의 범위가 유리수까지 확장되어야 한다. 종합하면 일차방정식의 해가 항상 존재하기 위한 수의 범위는 유리수이다.

이제 이차방정식으로 넘어가보자. 이차방정식 $x^2 - 2 = 0$의 해를 구하기 위해서는 제곱해서 2가 되는 수 $x = \pm\sqrt{2}$가 필요하다. 따라서 수의 범위는 무리수가 추가된 실수로 확장된다. 이제 마지막으로 이차방정식 $x^2 + 1 = 0$의 해를 구하기 위해서는 제곱해서 -1이 되는 수 $x = \pm i$가 필요하다. 이를 위해서는 실수에 허수가 추가된 복소수의 범위로 확장해야 한다. 간단해 보이는 이차방정식이라도 해가 항상 존재하기 위해서는 수의 범위가 복소수여야 하는 것이다.

수를 나타내는 알파벳

수 집합은 어느 알파벳으로 나타내도 무방하지만, 관례적으로 사용되는 알파벳 대문자가 정해져 있다. 자연수는 Natural number이기 때문에 N으로 표시하고, 정수는 영어로 Integer이지만 무리수와의 혼란을 막기 위해 독일어로 수를 뜻하는 Zahlen의 첫 알파벳 Z로 표시한다. 유리수는 비ratio로 나타낼 수 있는 수이기에 Rational number인데 실수와 표기가 같아지므로 몫을 뜻하는 Quotient의 첫 알파벳 Q로 표시한다. 무리수는 유리수와 달리 비ratio로 나타낼 수 없는 수이기에 Irrational number에서 I로, 실수는 Real number에서 R로 나타낸다. 실수와 허수를 아우르는 복소수는 Complex number에서 C로 표시한다. 각 수 집합 사이의 포함관계를 다이어그램으로 나타내면 다음과 같다.

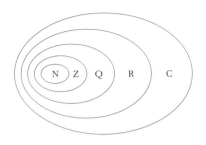

유리수의 조밀성, 실수의 완비성

임의의 두 유리수 사이에는 또 다른 유리수가 존재하는데, 이를 유리수의 조밀성density of rationals이라고 한다. 예를 들어 $\frac{1}{3}$과 $\frac{1}{2}$ 사이에는 $\frac{2}{5}$가 존재하고, $\frac{1}{3}$과 $\frac{2}{5}$ 사이에는 $\frac{3}{8}$이 존재한다. 이처럼 두 유리수 사이에는 반드시 유리수가 존재하므로 모든 유리수를 수직선에 표시하면 수직선을 채울 수 있을 것이라 생각할 수 있지만, 실제로 수직선을 확대해보면 유리수와 유리수 사이에는 틈이 있다. 이 틈을 메우는 것이 무리수이다. 유리수에 무리수를 추가한 실수가 되면 완비성completeness을 갖기 때문에 수직선을 완벽하게 채울 수 있다. 이제 실수로 채워진 수직선에는 허수가 들어갈 틈이 없다. 그렇다면 실수와 허수로 이루어진 복소수는 어떤 방식으로 표현할 수 있을까?

복소수의 시각적 표현

복소수의 아이디어는 16세기에 삼차방정식의 해를 구하는 과정에서 처음 등장했다. 16세기의 대표적인 수학자 카르다노

Gerolamo Cardano, 1501 ~ 1576는 허수를 공식적으로 언급했고 봄벨리 Rafael Bombelli, 1526 ~ 1572는 복소수의 곱셈 규칙까지 명백히 제시했다. 그러나 제곱해서 음수가 되는 허수는 방정식의 풀이에서 등장하는 가상과 허구의 수로만 여겨졌다. 무엇보다도 수직선 위에 복소수를 표현할 수 없다는 것이 복소수를 받아들이는 데 장애로 작용했다. 19세기에 이르면서 가우스는 관점을 바꾸어 수평으로 실수를 나타내는 축과 수직으로 허수를 나타내는 축을 세운다. 두 개의 직교하는 축으로 복소평면을 만들고, x축을 실수축, y축을 허수축으로 놓음으로써 복소수 $a + bi$ (a, b는 실수)는 복소평면 위에서 x좌표가 a, y좌표가 b인 점으로 나타낼 수 있게 되었다. 복소평면으로 인해 추상적이기만 했던 복소수를 시각화시킬 수 있었고, 이는 복소수의 아이디어를 널리 확산시킨 일등공신이 되었다.

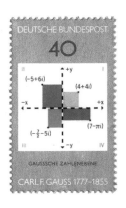

복소평면에 대한 독일의 우표

수를 확장하는 방법

방정식의 해를 구하는 대수적 관점에서 볼 때 복소수는 이미 완성된 수체계이다. 복소수 범위 내에서는 어떤 다항방정식에 대해서도 해를 구할 수 있기 때문이다. 실제 대수학의 토대가 되는 '대수학의 기본정리The Fundamental Theorem of Algebra'에 따르면 계수가 복소수인 다항방정식은 적어도 하나의 복소수 해를 갖는다. 따라서 방정식의 측면에서 볼 때 복소수는 이미 더 이상 확장할 필요가 없는 포괄적이고 완벽한 수체계이다.

이제 수를 확장한다면 방정식이 아닌 다른 차원이어야 하는데, 그 단초가 되는 것이 실수에서 복소수로 넘어갈 때 수직선을 복소평면으로 확장한 아이디어이다. 2차원 평면을 나타내기 위해서는 실수축과 허수축의 두 개의 축이 필요하고, 이제 3차원 공간을 나타내기 위해서는 세 개의 축이 필요하다. 2차원 평면에 대응되는 복소수 $a + bi$(a, b는 실수)는 두 개의 요소를 갖는다는 면에서 이원수二元數이다. 그렇다면 3차원 공간에 대응되는 수는 삼원수三元數, 즉 복소수에 새로운 허수 단위 j를 추가한 $a + bi + cj$(a, b, c는 실수)가 될까?

수학자들은 그렇게 가정하고 삼원수에 대한 탐구를 계속했다. 그런데 삼원수에서 덧셈과 뺄셈은 복소수의 연산과 마찬가지로 정의할 수 있지만 곱셈을 정의하는 데에서 난관에 봉착했다. 삼원수의 곱셈 문제에 몰두하던 수학자 해밀턴은 1843년 산책을 하던 중에 기발한 아이디어를 떠올린다. 그 아이디어는 실수와 세 개의 허수 i, j, k를 추가하여 사원수를 만들고, $i^2 = j^2 = k^2 = ijk = -1$과 같이 정의하는 것이다. 이로부터 곱셈 규칙을 유도할 수 있다.

$$-ij = ij(-1) = ij(k^2) = ijkk = (ijk)k = (-1)k = -k$$

마찬가지 방법으로 다음을 보일 수 있다.

$$ij = k, \ ji = -k$$
$$jk = i, \ kj = -i$$
$$ki = j, \ ik = -j$$

정리하면 사원수에서 곱셈 규칙은 다음과 같다.

×	1	i	j	k
1	1	i	j	k
i	i	-1	k	$-j$
j	j	$-k$	-1	i
k	k	j	$-i$	-1

해밀턴의 사원수에 대한
아일랜드의 우표

곱셈의 교환법칙이 성립하지 않는 수

사원수에서는 곱셈의 결합법칙은 성립하지만 곱하는 순서에 따라 부호가 달라지기 때문에 곱셈의 교환법칙이 성립하지 않는다. 이런 성질을 비가환非可換, noncommutative이라고 한다.

$$(a_1 + b_1i + c_1j + d_1k)(a_2 + b_2i + c_2j + d_2k)$$
$$= a_1a_2 + a_1b_2i + a_1c_2j + a_1d_2k + b_1a_2i + b_1b_2i^2 + b_1c_2ij + b_1d_2ik$$
$$+ c_1a_2j + c_1b_2ji + c_1c_2j^2 + c_1d_2jk + d_1a_2k + d_1b_2ki + d_1c_2kj + d_1d_2k^2$$
$$= (a_1a_2 - b_1b_2 - c_1c_2 - d_1d_2) + (a_1b_2 + b_1a_2 + c_1d_2 - d_1c_2)i$$
$$+ (a_1c_2 - b_1d_2 + c_1a_2 + d_1b_2)j + (a_1d_2 + b_1c_2 - c_1b_2 + d_1a_2)k$$

$$(a_2 + b_2i + c_2j + d_2k)(a_1 + b_1i + c_1j + d_1k)$$
$$= a_2a_1 + a_2b_1i + a_2c_1j + a_2d_1k + b_2a_1i + b_2b_1i^2 + b_2c_1ij + b_2d_1ik$$
$$+ c_2a_1j + c_2b_1ji + c_2c_1j^2 + c_2d_1jk + d_2a_1k + d_2b_1ki + d_2c_1kj + d_2d_1k^2$$
$$= (a_2a_1 - b_2b_1 - c_2c_1 - d_2d_1) + (a_2b_1 + b_2a_1 + c_2d_1 - d_2c_1)i$$
$$+ (a_2c_1 - b_2d_1 + c_2a_1 + d_2b_1)j + (a_2d_1 + b_2c_1 - c_2b_1 + d_2a_1)k$$

$$(a_1 + b_1i + c_1j + d_1k)(a_2 + b_2i + c_2j + d_2k)$$
$$\neq (a_2 + b_2i + c_2j + d_2k)(a_1 + b_1i + c_1j + d_1k)$$

해밀턴은 곱셈의 교환법칙을 포기함으로써 새로운 수를 만들 수 있었다. 이후 영국의 수학자 케일리Arthur Cayley, 1821 ~ 1895는 사원수에서 더 나아가 팔원수八元數, octonion를 정의했다. 사원수에서는 곱셈의 교환법칙만 성립하지 않는 데 반해, 팔원수에서는 곱셈의 결합법칙도 성립하지 않는다. 이처럼 익숙했던 연산법칙을 포기함으로써 인위적인 새로운 수를 만들 수 있었고, 이는 추상대수학으로 이끄는 문을 활짝 열어주었다.

사원수는 복소수의 순서쌍

복소수는 $a + bi$, 즉 두 실수 a, b의 순서쌍 (a, b)이다. 마찬가지로 사원수는 두 복소수 $a + bi$, $c + di$의 순서쌍 $(a + bi, c + di)$, 즉 $(a + bi) + (c + di)j$꼴이다. 이때 $ij = k$로 나타내면 $a + bi + cj + dk$의 사원수가 된다. 마찬가지 방법으로 두 사원수의 순서쌍을 통해 팔원수를 얻게 된다. 즉, 실수의 순서쌍으로 복소수, 복소수의 순서쌍으로 사원수, 사원수의 순서쌍으로 팔원수로 확장해갈 수 있다.

곱셈을 회전변환으로

복소수의 곱셈은 회전변환으로 이해할 수 있다. 예를 들어 1에 i를 곱하면 i가 되고, i에 i를 곱하면 -1, -1에 i를 곱하면 $-i$, $-i$에 i를 곱하면 1로 되돌아오는 것은 각각 원점을 중심으로 반시계 방향으로 90°씩 회전시킨 결과라고 볼 수 있다.

복소수에서 곱셈을 회전변환으로 설명했듯이 사원수의 곱셈도 회전변환으로 접근할 수 있다. 사원수에서는 실수축, i축,

j축, k축의 총 네 개의 축이 존재한다. 이제 ij와 ji를 비교해 보자. 우선 i를 j축에 대해 회전이동시키면 k가 된다. 따라서 $ij = k$이다. 이번에는 j를 i축에 대해 회전이동시키면 $-k$가 되므로 $ji = -k$가 된다.

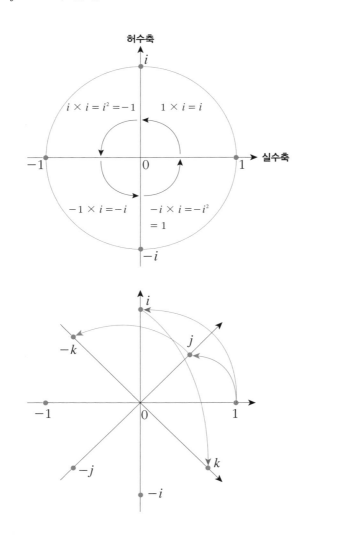

사원수의 활용

사원수는 벡터의 개념이 도입되기 전까지 공간을 표현하고 회전을 연구하는 획기적인 방법이었다. 그러나 이를 일반화하면서도 간명하고 다룰 수 있는 벡터해석학과 선형대수학의 출현에 따라 사원수는 사양길로 접어들었다. 하지만 컴퓨터 그래픽, CAD의 등장에 따라 사원수는 회전변환을 연구하는 간편한 도구로 다시금 주목받고 있다.

수학적 지식의 발견 vs 발명

칸토어는 '수학의 본질은 자유'라는 말을 남겼다. 수학은 전제가 되는 출발점을 다르게 설정하고 새로운 체계를 구축할 수 있다는 측면에서 수학의 본질이 자유라는 말에 공감할 수 있다. 유클리드 기하학의 평행선 공준을 부정하고 쌍곡기하학과 구면기하학이 만들어지고, 유클리드 기하학과 거리를 다르게 정의함으로써 택시기하학이 만들어진다. 또한 기존의 수에서 당연히 성립하는 곱셈의 교환법칙을 포기함으로써 사원수를 만들 수 있다. 수학적 지식이 발견discovery이냐 발명invention이냐의 논쟁이 있는데, 이런 대안적인 기하학과 수는 선험적으로 주어진 것이 아니라 인간이 만들어낸 것이라는 면에서 수학을 발명으로 규정할 수 있는 근거를 제공한다.

N

mathematics
&
society

수학
&
사회

01

—

미터법은
프랑스 혁명의
산물

전 세계의 미터법 vs 미국의 야드법

2016년 미국 민주당 대선후보로 나섰던 링컨 체이피Lincoln Chafee 전 로드아일랜드 주지사는 미국의 도량형을 야드법에서 미터법으로 전환하는 이슈를 제기해 주목받았다. 도량형에서 도度는 길이, 양量은 부피, 형衡은 무게를 말하는데, 미국은 길이의 단위로 미터m 대신 피트/야드/마일, 부피의 단위로 리터ℓ 대신 갤런, 무게의 단위로 킬로그램㎏ 대신 온스/파운드를 쓴다. 미국 주유소에서 갤런당 달러로 표시되어 있는 가격을 보면 머릿속이 복잡해진다. 일단 갤런을 리터로 환산하고(1갤런≒3.78리터), 달러를 원으로 바꾸어서 리터당 원으로 계산해서 비교해야 하기 때문이다. 전 세계적으로 통용되고 있는 미터법을 사용하지 않는 국가는 미국, 미얀마, 라이베리아로, 이 3개국은 도량형에 있어 고립된 섬으로 남아 있다.

인간의 신체를 기준으로 정한 단위

일찍이 인류는 대상의 크기를 수량화하기 위한 기준을 정할 필요를 느꼈다. 초기의 도량형에서 주로 기준으로 삼은 것은 인간의 신체였다. 1인치는 2.54센티미터로 엄지손가락 첫 마디의 길이이고, 1피트는 30.48센티미터로 발의 크기에 해당한다. 신발을 신은 상태로 잰 것인지 발의 크기가 다소 크지만, 단위명인 피트feet를 보아도 발foot에서 시작된 것임에 틀림없다. 야드는 91.44센티미터로, 12세기 영국 왕 헨리 1세가 팔을 뻗었을 때 코에서부터 손가락 끝까지의 길이에서 유래했다. 이처럼 야드법은 인간의 신체 사이즈를 기준으로 자연스럽게 발생하다 보니 1피트는 12인치, 1야드는 3피트, 1마일은 1760야드로, 호환 기준이 들쑥날쑥하다. 한편 무게의 단위인 파운드가 영국 돈의 단위인 점도 흥미롭다. 오래전에는 귀한 금속으로 동전을 만들었고, 동전의 무게가 곧 그 돈의 가치였기 때문이다.

우리나라의 척관법

우리의 전통 단위는 중국에서 유래한 척관법으로, 길이는 척尺, 무게는 관貫, 넓이는 평坪을 사용했다. 그러나 1963년 미터법 실시를 법제화하면서 차츰 전통 단위는 사라져갔다. 재래시장에서 딸기 한 근, 토마토 한 관 하던 정겨운 단위를 뒤로하고, 그램과 킬로그램 같은 무게의 단위에 익숙해진 지 오래이다. 그런데 유독 평을 버리고 제곱미터로 갈아타는 것은 쉽지 않았다. 급기야 2007년부터는 제곱미터의 사용을 의무화하였으나, 요즘에도 아파트의 넓이를 표시할 때 제곱미터 옆에 평을 병기하는 것을 보면 넓이 감각에서는 평과 맞물려 있는 생각의 관습이 강하게 작용하는 것 같다.

프랑스 대혁명과 더불어 등장한 미터법

측정 단위를 10의 거듭제곱에 따라 호환하는 체계적인 미터법은 프랑스 혁명기에 만들어졌다. 18세기까지 사용되던 수백 개의 혼란스러운 단위는 불공정한 거래의 빌미를 제공했고, 이는 프랑스 혁명을 촉발시킨 원인이 되기도 했다. 프랑스 혁명기는 정치·사회 전반에서 앙시앙 레짐(구제도)의 잔재를 몰아내는 질풍노도의 시기였고, 그 기세를 몰아 도량형까지 정비하게 된다. 일관되고 체계적인 도량형은 자유롭고 평등한 시민 중심의 사회를 건설하는 일종의 기반이었던 것이다.

당시 프랑스 과학아카데미는 도량형을 정비하기 위한 위원회를 구성했는데, 여기에는 라플라스, 르장드르, 보르다, 콩도르세, 라부아지에 같은 수학자와 과학자가 대거 포함되었다. 위원회는 미래에도 영원히 바뀌지 않는 것을 기준으로 단위를 정하고자 했고, 이때 채택된 것이 지구자오선의 길이이다. 적도에서 북극까지 자오선 길이의 $\frac{1}{1000만}$ 을 1미터로 정했는데 이 길이는 전체 자오선 길이의 $\frac{1}{4}$ 이므로 1미터는 지구자오선 길이의 $\frac{1}{4000만}$ 이다. 그러나 지구의 모양이 남극과 북극 방향으로 완전한 대칭이 아니고 지형도 변화하므로 지구자오선의 길이 역시 척도가 되기에 적합하지 못했다. 1960년에는 크립톤 동위원소의 파장의 길이를 기준으로 하다가, 1983년부터는 진공에서 빛이 $\frac{1}{299,792,458}$ 초 동안에 진행하는 경로의 길이를 1미터로 정의한다. 부피와 무게도 길이에 연동시켜, 한 모서리의 길이가 $\frac{1}{10}$ 미터인 정육면체의 부피를 1리터, 이 부피에 해당하는 섭씨 4도℃ 물의 질량을 1킬로그램으로 정했다.

10진법 시계

10진법에 따른 미터법으로 길이와 무게의 단위를 제정한 프랑스 혁명 정부는 내친 김에 시계까지 10을 기준으로 바꾸었다. 프랑스 혁명 시계에서 하루는 10십진 시간으로 이루어진다. 사진의 10진법 시계를 보면 안쪽에는 아라비아 숫자로 1부터 10까지 적혀 있고, 바깥에는 로마숫자로 I부터 XII까지 표시되어 있다. 현재는 하루가 24시간이므로 시침이 두 바퀴를 돌지만, 10진법 시계에서는 하루가 10십진 시간이므로 시침이 하루에 한 바퀴만 돈다. 따라서 시침이 10에 있을 때가 자정이고, 시침이 5에 있을 때가 정오이다. 10진법 시계에서는 시간, 분, 초 사이의 관계도 10의 거듭제곱에 기초하여 1십진 시간은 100십진 분이고, 1십진 분은 100십진 초이다.

10진법 시계

※ 현재의 시간

1일 = 24시간 = (24×60)분 = $(24 \times 60 \times 60)$초 = 86,400초

※ 10진법 시계의 시간

1일 = 10십진 시간 = (10×100)십진 분

= $(10 \times 100 \times 100)$십진 초 = 100,000십진 초

하루는 동일한 시간으로 이루어지므로 '86,400초 = 100,000 십진 초'가 되고, 1초는 약 1.1574십진 초가 된다. 즉, 1초가 1 십진 초보다 길다. 이런 방식으로 계산해보면, 1분은 약 0.69십 진 분이므로 1분은 1십진 분보다 짧다. 10진법 시계는 프랑스 혁명기인 1794년부터 공식적으로 사용되었지만 1795년에 금지 되었다.

시간에 10진법을 반영하려는 프랑스인들의 아이디어는 1897 년 수학자 푸앵카레를 대표로 하는 위원회에서 하루 24시간은 그대로 둔 채, 1시간을 100십진 분, 1분을 100십진 초로 정하 자는 계획으로 부활되었다. 그러나 이 계획 역시 지지를 얻지 못한 채 1900년에 폐기되었다.

스테빈의 선견지명

10진법을 기준으로 도량형을 정비하자는 아이디어의 효시는 소 수小數, decimal를 고안한 네덜란드의 스테빈Simon Stevin, 1548 ~ 1620이 다. 유리수는 분수 혹은 소수(유한소수 또는 순환하는 무한소

수)로 나타낼 수 있다. 분수는 이미 기원전부터 사용하기 시작했지만, 유리수의 또 다른 표현인 소수가 등장한 것은 17세기에 이르러서이니 시기적으로 꽤 늦다.

스테빈이 왜 소수를 고안했는지는 시대상과 더불어 짐작해볼 수 있다. 1492년 콜럼버스의 신대륙 발견을 신호탄으로 대항해의 시대가 시작되었고, 이로 인해 국가 간의 교역이 활성화되면서 무역과 상업이 발달했고 이자와 세금을 계산할 필요가 생겼다. 네덜란드에서 세금 관련 일을 하던 스테빈은 분모가 서로 다른 분수 표현에서 문제의식을 느꼈다. 분모가 다른 분수는 크기 비교도 어렵고 사칙계산도 복잡하기 때문이다. 예를 들어 두 분수 $\frac{3}{8}$과 $\frac{9}{25}$가 있을 때 그 대소 관계가 한눈에 파악되지 않는다. 하지만 $\frac{3}{8} = \frac{375}{1000} = 0.375$, $\frac{9}{25} = \frac{360}{1000} = 0.360$으로 표현하면 두 유리수의 대소 관계가 명백해진다. 이에 스테빈이 분모가 10의 거듭제곱인 십진 분수로 고쳐 소수 표현을 하자는 아이디어를 낸 것이다.

스테빈의 소수

스테빈이 제안한 소수 표현은 지금의 표기와 사뭇 달라, 정수와 소수 사이에는 ⓪을 적고 소수점 아래에서는 자릿값과 자릿값 사이에 순서대로 ①, ②, ③, …을 삽입했다. 예를 들어 2.016이라면 2⓪0①1②6과 같이 표기했다.

다방면에 재주가 많던 스테빈은 모두 11권의 책을 썼는데,

그중에서 소수에 대한 책은 『Disme』이라는 프랑스어 제목으로 번역되었다. 이 책에서 스테빈은 화폐와 도량형도 10의 거듭제곱을 기준으로 정해야 한다는 시대를 앞선 주장을 펼쳤다. 실제 미국 건국의 아버지인 토머스 제퍼슨은 스테빈의 책에서 아이디어를 얻어, 미국 화폐를 10을 기준으로 환산 단위를 정했다. 1792년 제정된 미국 화폐법에서는 1달러의 1/10인 10센트 즉, 1다임dime이 스테빈의 책 제목과 동일한 disme로 명명되었다.

스테빈과 그의 저서 『Disme』

야드법 사용이 가져온 값비싼 대가

미국이 고수하고 있는 야드법은 우주선의 사고 원인을 제공하기도 했다. 1999년 9월 화성 궤도에 진입하던 미국의 화성 기후탐사선이 대기와 마찰을 일으키며 추락했다. 이 탐사선을 제작한 록히드마틴사는 무게의 단위로 파운드를 사용했고 미국항공우주국은 킬로그램을 사용하다 보니 로켓의 추진력을 계산할 때 착오가 생긴 것이다. 미국항공우주국과 같은 첨단 연구소의 우수 인재들이 어떻게 이런 원시적인 실수를 했는지 이해가 되지는 않지만, 미터법과 야드법의 혼란으로 1억 2500만 달러 예산의 우주 프로젝트를 허공에 날려버린 것이다. 야드법으로 인해 미국이 치른 대가는 그뿐이 아니었다. 소련은 1957년 세계 최초의 인공위성 스푸트니크호를 발사했는데, 소련이 미국에 앞선 이유 중의 하나가 일찍부터 미터법을 사용했기 때문이라는 해석이 있다. 즉, 인치에 비해 센티미터가, 온스에 비해 그램이 더 작은 단위이기 때문에 허용 오차를 줄였고, 그것이 기술우위로 이어졌다는 것이다.

야드법은 일종의 미국의 혼魄이므로 그 전통을 지키자는 여론이 만만치 않은 가운데 미국은 지금까지 여러 번 미터법의 채택에 대해 논의해왔다. 자동차 업체들은 1970년대 말부터 속도계에 마일과 킬로미터를 함께 표기했고, 지미 카터 대통령 시기에는 일부 고속도로 표지판을 킬로미터로 표시하기도 했다. 애리조나주州 투산에서 멕시코를 잇는 19번 고속도로에는 아직도 킬로미터로 표기된 표지판이 남아 있다. 특히 미터법을 따르는 새로운 기술과 제품이 미국 시장에 상륙하면 도량형의 전환 논의가 활발하게 이루어진다. 예를 들어 수소 전지 차량과 같은 미래의 자동차 모델이 미국에 들어오면 수소 판매의 세계 기준인 킬로그램에 맞추어야 한다.

미국 19번 고속도로의 미터법 표지판

쿼티 자판의 교훈

야드법을 고수하는 미국을 보면 팍스아메리카나Pax Americana의 오만이라는 생각이 든다. 하지만 우리나라에서 평 대신 제곱미 터를 사용하도록 법제화했어도 여전히 평 단위로 표현해야만 넓이가 직관적으로 와 닿는 경험에 비추어보면 미국을 비판하 기도 어렵다.

오래전 발명된 타이프라이터는 글쇠가 엉키지 않도록 자주 쓰이는 알파벳을 떨어뜨려 배열한 쿼티QWERTY 자판을 이용했 다. 쿼티는 자판의 숫자 아랫줄의 알파벳이 왼쪽에서 오른쪽으 로 QWERTY의 순서로 배치되어 있기 때문에 붙여진 명칭이다. 컴퓨터의 등장에 따라 엉킴 방지의 필요성이 사라지자, 빈번하 게 사용되는 모음과 자음을 중앙에 배치하여 효율성을 높인 자 판이 제안되었다. 하지만 한번 익숙해진 쿼티 자판의 아성을 넘 어서는 것은 쉽지 않았고, 종국에는 쿼티 자판이 살아남았다. 이는 관례를 깨고 새로운 것을 정착시키기가 얼마큼 어려운지를 방증한다. 미터법으로의 전환에 따른 사회적 비용이 크기는 해도 미국이 단위의 세계 질서에 편입하여 글로벌 스탠더드를 따르는 통합의 정신을 보여줄지 두고 볼 일이다.

쿼티 키보드

02

선거 방법을
이론화한
수학자들

최다득표제는 최선이 아닐 수 있다

점수를 매겨 한 줄 세우기를 하는 상황에서는 최고점자가 1등이다. 선거에서도 가장 많은 표를 받은 후보가 당선되는 최다득표제(다수결)가 보편적으로 이용된다. 최다득표제는 한 번의 투표로 당선자를 가릴 수 있어 간편하지만, 과반에 못 미치는 지지를 받고도 당선되는 경우가 있다. 특히 여러 후보가 난립하는 상황에서 다수의 유권자가 싫어하는 후보가 당선되는 모순적인 결과가 나타날 수 있다.

프랑스 혁명기에는 불합리한 제도를 타파하고 시민의 정당한 권리를 찾고자 하는 개혁 정신이 충천하였고 이는 선거 제도에까지 영향을 미쳐, 대안적인 선거 방법을 적극적으로 모색하게 된다. 특히 프랑스 혁명기에 활동했던 보르다와 콩도르세는 최다득표제에 대해 심각한 문제의식을 갖고 새로운 선거 방법을 제안하였다.

보르다   콩도르세

네 가지 선거 방법

어떤 학급에서 반 대표를 선출하기 위해 40명의 학생이 A, B, C, D 네 후보에 대한 선호도 투표를 실시한 결과가 다음과 같다. 이에 대해 최다득표제, 보르다 점수법, 최소득표자 탈락제, 쌍대비교법의 네 가지 선거 방법을 적용해보자.

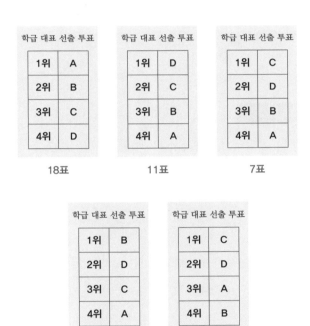

선거에서 가장 보편적으로 사용되는 '최다득표제plurality method'를 따를 때 1위 표를 가장 많이 받은 A가 당선된다. 그런데 만약 1

위를 차지한 득표수가 전체 학생 수의 절반을 넘어야 한다는 규칙이 있다면 A는 40표 중 18표를 얻었으므로 당선자가 될 수 없다. 득표 상황을 잘 살펴보면 A를 1위로 선택한 학생이 18명으로 가장 많기는 하지만 나머지 22명 중 21명은 4위로 꼽았으므로 A는 지지 학생도 많지만 절대 비호감으로 생각하는 학생도 많은, 즉 호오好惡가 엇갈리는 후보인 것이다. 이런 경우는 다른 선거 방법이 더 적절할 수 있다.

보르다 점수법

프랑스의 정치이론가이자 수학자인 보르다Jean-Charles de Borda, 1733 ~ 1799는 '보르다 점수법Borda count method'을 제안했다. 이는 유권자의 선호 순위에 따라 차등화된 점수를 부여한 후 합산하여 가장 높은 점수를 얻은 후보를 선출하는 방법이다. 복잡한 절차를 거치지 않고 한 번에 당선자를 정할 수 있는 보르다 점수법은 수상자를 정하거나 스포츠와 관련된 순위를 매기는 경우에 자주 이용된다. 예를 들어 미식축구나 농구팀의 순위를 정할 때, 또 미국 메이저리그 야구에서 MVP 선정을 할 때 이 방법을 활용한다.

학급 대표를 선출하는 앞의 상황에 보르다 점수법을 적용해보자. 1, 2, 3, 4순위에 각각 4점, 3점, 2점, 1점을 부여하고 점수를 계산하면 A는 95점, B는 103점, C는 107점, D는 95점이므로 C가 당선된다.

A의 점수: (4점 × 18명) + (3점 × 0명) + (2점 × 1명)

+ (1점 × 21명) = 95점

B의 점수: (4점 × 3명) + (3점 × 18명) + (2점 × 18명)

+ (1점 × 1명) = 103점

C의 점수: (4점 × 8명) + (3점 × 11명) + (2점 × 21명)

+ (1점 × 0명) = 107점

D의 점수: (4점 × 11명) + (3점 × 11명) + (2점 × 0명)

+ (1점 × 18명) = 95점

보르다 점수법에서 1순위부터 4순위까지에 부여하는 점수는 3점, 2점, 1점, 0점일 수도 있고, 8점, 6점, 4점, 2점일 수도 있다. 즉, 순위별로 부여하는 점수가 등간격이라면 점수를 어떻게 정하더라도 순위는 바뀌지 않는다.

미국 캘리포니아대학 어바인 캠퍼스 수학과의 사리Donald Saari 교수는 선거 제도를 수학적으로 분석해왔다. 사리 교수의 분석에 따르면 최다득표제가 모순적인 결과를 가져올 확률은 보르다 점수법에 비해 매우 높다.

최소득표자 탈락제

'최소득표자 탈락제plurality with elimination method'는 최종적으로는 최다득표제를 따르지만 중간 과정이 약간 복잡하다. 투표 결과에서 1위 표를 가장 적게 받은 후보를 탈락시키고, 그 후보를 배제한 상태에서 다시 투표 결과를 정산하여 1위 표를 가장 적게 받은 후보를 탈락시킨다. 마지막 두 명이 남을 때까지 이 과정을 반복하여 최종 당선자를 결정한다.

학급 대표를 선출하는 앞의 상황에 최소득표자 탈락제를 적용해 보자. 우선 1단계로 투표 결과에서 1위 표를 가장 적게 받은 B를 탈락시킨다. 이제 순위표에서 B를 모두 지운 후 A, C, D만의 순위로 정리한다. 2단계에서는 세 후보 중에서 1위 표를 가장 적게 받은 C를 탈락시키고 A와 D만의 순위로 재정리한다. 이제 A와 D만 남은 상태에서 둘을 비교하면 D가 최종적인 당선자가 된다.

1위	A	D	C	B	C
2위	B	C	D	D	D
3위	C	B	B	C	A
4위	D	A	A	A	B
득표	18	11	7	3	1

⬇ (1단계)
B 탈락

1위	A	D	C
2위	C	C	D
3위	D	A	A
득표	18	14	8

(2단계)
C 탈락

1위	A	D
2위	D	A
득표	18	22

이와 같이 유권자가 처음에 투표할 때 선호하는 후보를 순서대로 모두 적으면, 1위를 가장 적게 받은 후보를 탈락시키면서 순위를 재산정하는 과정을 반복하여 당선자를 가릴 수 있다. 즉, 한 번의 투표로 당선자가 결정된다. 그런데 투표를 할 때 선호 후보를 하나만 표시하면 최소득표자를 제외한 후 다시 투표해야 한다.

국제올림픽위원회IOC에서 올림픽 개최지를 선정할 때는 IOC 위원들이 후보 도시 중 하나를 선택하고 그중에서 과반수를 얻은 도시로 결정한다. 그렇지만 한 도시가 압도적인 지지로 과반수 표를 얻지 못할 때에는 최소득표자 탈락제를 이용한다. 2018년 동계올림픽 개최지 투표에서는 평창이 1차 투표에서 95표 중에서 63표를 받아 한 번의 투표로 선정되었다. 그런데 이렇게 1차 투표에서 과반수의 득표를 하는 경우는 흔치 않다. 가장 득표를 많이 한 도시가 과반수 표를 얻지 못했을 때는 가장 적게 득표한 도시를 제외하고 나머지 도시에 대해 재투표를 하여 최종적인 결정을 내린다.

2014년 동계올림픽 개최 후보 도시는 평창, 소치, 잘츠부르크의 세 곳이었다. 1차 투표에서 평창은 소치를 앞섰지만 과반수에는 도달하지 못했기 때문에 가장 적은 표를 얻은 잘츠부르크를 제외하고 2차 투표를 하였는데 여기서는 평창이 소치에 석패하였다. (왼쪽 표의 총합은 95표이고, 오른쪽 표의 총합은 98인데, 그 이유는 2차 투표를 할 때 1차에서 탈락한 잘츠부르크의 인원 3명을 추가했기 때문이다.)

후보 도시	득표
평창	36
소치	34
잘츠부르크	25

➡ 잘츠부르크 탈락

후보 도시	득표
평창	47
소치	51

이런 최소득표자 탈락제는 호주 의회, 미국 시 의회, 인도와 아일랜드의 대통령 선거에서 채택하고 있다.

쌍대비교법

'쌍대비교법the method of pairwise comparison'은 보르다와 마찬가지로 프랑스 혁명기의 철학자·정치학자·수학자인 콩도르세Nicolas de Condorcet, 1743 ~ 1794가 제안한 방법으로, '콩도르세 방법Condorcet method'이라고도 한다. 콩도르세는 초기에 수학 연구에 몰두하며 오일러와 교류를 하기도 했으나 그의 관심사는 점차 사회와 정치

문제로 옮겨갔다. 쌍대비교법에서는 두 후보씩 비교하여 우세한 후보에 점수를 준 후 이를 합산하여 가장 높은 점수를 얻은 후보를 선출한다. 선거 결과가 유권자의 선호도를 정확히 반영하지 못하는 현상을 '콩도르세 역설', 혹은 '투표의 역설'이라고 한다. 예를 들어 A, B, C 세 후보에 대해 유권자가 A를 B보다 선호하고 B를 C보다 선호할 때, A를 C보다 선호하는 이행성transitivity이 보장되어야 하는데 그렇지 못한 경우를 말한다. 콩도르세가 제안한 쌍대비교법은 이런 콩도르세 역설이 발생하지 않는 선거 방법이다.

학급 대표를 선출하는 앞의 상황에 쌍대비교법을 적용해보자. 우선 두 후보씩 짝을 짓고 더 많은 지지를 얻은 후보에게 1점, 동일한 지지를 얻었을 때는 각각 0.5점을 부여한다. A와 B를 비교하면 A를 B보다 선호한 유권자는 19명이고, B를 A보다 선호한 유권자는 21명이다. 따라서 A와 B의 비교에서는 B가 1점을 얻는다. 이러한 방식으로 A와 C, A와 D, B와 C, B와 D, C와 D의 선호도를 비교하여 정리하면 다음과 같다.

A > B: 19명, A < B: 21명 ➡ B가 1점

A > C: 18명, A < C: 22명 ➡ C가 1점

A > D: 18명, A < D: 22명 ➡ D가 1점

B > C: 21명, B < C: 19명 ➡ B가 1점

B > D: 21명, B < D: 19명 ➡ B가 1점

C > D: 26명, C < D: 14명 ➡ C가 1점

점수를 종합하면 A는 0점, B는 3점, C는 2점, D는 1점이므로, 쌍대비교법에서는 B가 당선된다.

네 가지 다른 결과

학급 대표를 선출하기 위한 가상적인 투표 상황에 네 가지 선거 방법을 적용하였을 때 각각 다른 결과를 얻었다. 최다득표제에서는 A, 보르다 점수법에서는 C, 최소득표자 탈락제에서는 D, 쌍대비교법에서는 B가 당선된다. 흔히 최다득표제가 당연하다고 생각하는 경향이 있지만, 어떤 방법이 유권자들의 의견을 가장 충실하게 반영하는지 판단하기는 쉽지 않다.

결선투표제가 대안일까?

앞에서 소개한 선거 방법 이외에 고려할 수 있는 것은 '결선투표제two-round system'이다. 결선투표제란 1차 투표에서 과반 득표자가 나오지 않을 경우 가장 많은 표를 얻은 두 명을 대상으로 다시 투표를 실시하여 최종적인 당선자를 가리는 제도이다. 우리나라 대통령 선거에서 결선투표제를 도입하자는 주장은 몇십 년 전부터 제기되었으며, 가깝게는 2012년 대선에서 진지하게 논의되었다. 당시 안철수 후보와 문재인 후보의 단일화가 큰 난제였기 때문에 야권에서는 후보를 단일화하지 않고 모두 출마한 후 결선투표제를 통해 당선자를 가리자는 안이 강하게 대두된 것이다.

결선투표제를 실시하는 대표적 예는 프랑스의 대통령 선거로, 결선투표제는 나름대로 합리적인 방법이지만 이 역시 상당한 결함을 가지고 있다. 2002년 프랑스 대선에서 사회당(좌파) 리오넬 조스팽과 공화국연합(우파) 자크 시라크의 지지율이 높았고, 조스팽과 시라크가 결선 투표에서 맞붙는 가상적인 상황에서 조스팽과 시라크의 지지율은 각각 51%와 49%로 박빙의 승부였다. 그런데 좌파 후보들이 난립하면서 1차 투표 결과 조스팽은 탈락하고, 우파인 시라크와 극우파인 국민전선의 장마리 르펜이 결선에 진출하게 되었다. 결선투표에서 극우파 르펜에 반대하는 거국적 공화주의 연대가 결성되었고, 결국 시라크는 82%의 높은 지지율로 재선에 성공했다. 이처럼 결선투표제에서는 특정 진영의 후보가 난립할 경우 예상치 못한 후보가 결선에 진출하는 이변이 발생할 수 있다.

선거의 공정성 기준

선거 방법을 판정하는 공정성 기준fairness criteria은 여러 가지인데, 그중에서 가장 대표적인 것은 과반수 기준, 콩도르세 기준, 단조 기준, 사퇴자 무관 기준의 네 가지이다.

#1 과반수 기준

과반수 기준majority criterion은 최다득표 후보의 표가 과반을 넘으면 그 후보는 당선되어야 한다는 것이다. 앞서 알아본 네 가지 선거 방법 중 보르다 점수법은 과반수 기준을 만족시키지 않는다. 예를 들어 세 명의 후보 A, B, C에 대한 투표 결과가 다음과 같다고 하자.

1위	A	B	C
2위	B	C	B
3위	C	A	A
득표	8	5	2

1위, 2위, 3위에 각각 3점, 2점, 1점을 부여하고 A, B, C의 점수를 계산해보면

A의 점수: (3점 × 8명) + (1점 × 7명) = 31점

B의 점수: (3점 × 5명) + (2점 × 10명) = 35점

C의 점수: (3점 × 2명) + (2점 × 5명) + (1점 × 8명) = 24점

이다. A는 15명 중 과반수가 넘는 8명으로부터 1위 표를 받았지만 당선자는 B이다. 보르다 점수법에서는 극단적인 경우 1위 표를 전혀 받지 못했지만 많은 사람들로부터 2위 표를 받은 후보가 당선될 수도 있다.

콩도르세 기준Condorcet criterion은 두 후보씩 비교할 때 다른 후보보다 선호되는 후보가 당선되어야 한다는 것으로, 예를 들어 A를 B보다 선호하고, B를 C보다 선호할 경우, A를 C보다 선호해야 한다. 즉, 콩도르세 역설이 발생하지 않아야 한다는 것인데, 이 기준을 반영한 것이 쌍대비교법이다. 앞에서 살펴본 학급 대표 선출 상황에서 알 수 있듯이 콩도르세 기준을 만족시키는 후보는 B이고, 다른 세 가지 방법으로 선출된 후보 A, C, D는 모두 콩도르세 기준을 만족시키지 못한다. 따라서 콩도르세 기준을 만족시키는 것은 쌍대비교법 한 가지이다.

단조 기준monotonicity criterion은 당선자가 정해졌을 때 당선자에 유리하도록 선호도를 바꾸어도 당선자가 바뀌지 않아야 한다는 것이다. 네 가지 선거 방법 중 최다득표제, 보르다 점수법, 쌍대비교법은 단조 기준을 만족하고, 최소득표자 탈락제는 단조 기준을 만족시키지 않는다.

예를 들어 세 명의 후보 A, B, C에 대한 유권자 20명의 선호도 투표 결과가 다음과 같다고 하자. 이 상황에 최소득표자 탈락제를 적용하여 1위를 가장 적게 받은 B를 배제하고 정리한 후 비교하면 당선자는 A이다.

1위	A	B	C	C
2위	B	A	B	A
3위	C	C	A	B
득표	7	6	5	2

B 탈락 ➡

1위	A	C
2위	C	A
득표	13	7

이때 어떤 사정이 있어 재투표를 하게 되었는데 이미 A가 대세라고 생각한 C의 지지자 중 2명이 지지 순위를 C-A-B에서 A-C-B로 바꾸었다고 하자.

1위	A	B	C	A
2위	B	A	B	C
3위	C	C	A	B
득표	7	6	5	2

C 탈락 ➡

1위	A	B
2위	B	A
득표	9	11

이제 C는 1위 표를 가장 적게 받아 탈락하고 A와 B를 비교하면 B가 당선된다. 즉, 원래의 당선자인 A에 유리하도록 투표 결과를 바꾸었을 때 당선자가 A에서 B로 바뀌어 단조 기준을 만족시키지 않는다. 요즘에는 선거 전에 여론 조사를 통해 지지율을 알 수 있으므로, 자신이 지지하는 후보가 승산이 없다는 것을 알고 1위의 가능성이 높은 후보에 유리하도록 선택을 바꾸면 의외의 결과가 나올 수 있다.

사퇴자 무관 기준independence of irrelevant alternatives criterion은 낙선이 확실시 되는 후보 한 명이 사퇴했을 때 이를 제외하고 산정해도 당선자는 바뀌지 않아야 한다는 것이다. 사실 선거가 공정하려면 낙선할 후보가 중도하차 하더라도 당선자는 그대로 유지되어야 한다. 그런데 네 가지 선거 방법 모두 사퇴자 무관 기준을 충족시키지 못한다. 이에 대해 쌍대비교법의 경우만 확인해보자.

1위	A	A	B	C
2위	D	D	A	D
3위	B	C	C	B
4위	C	B	D	A
득표	3	1	3	5

A > B: 4명, A < B : 8명 ➡ B가 1점

A > C: 7명, A < C : 5명 ➡ A가 1점

A > D: 7명, A < D : 5명 ➡ A가 1점

B > C: 6명, B < C : 6명 ➡ B와 C는 각각 0.5점

B > D: 3명, B < D : 9명 ➡ D가 1점

C > D: 8명, C < D : 4명 ➡ C가 1점

종합하면 A는 2점, B와 C는 1.5점, D는 1점이 되어 A가 당선된다. 그런데 1위 선호를 전혀 받지 못한 후보 D가 스스로 가능성이 낮다고 생각해 중간에 사퇴했다고 하자. 그러면 판도가 어떻게 달라질까? D를 배제한 상태에서 다시 정리하여 비교해보면, A는 1점, B는 1.5점, C는 0.5점이 되어 B가 당선된다. 즉, 사퇴자가 생기면서 당선자가 바뀌게 되므로, 쌍대비교법은 사퇴자 무관 기준을 충족시키지 못한다.

1위	A	A	B	C
2위	B	C	A	B
3위	C	B	C	A
득표	3	1	3	5

A > B: 4명, A < B : 8명 ➡ B가 1점

A > C: 7명, A < C : 5명 ➡ A가 1점

B > C: 6명, B < C : 6명 ➡ B와 C는 각각 0.5점

지금까지 알아본 네 가지 선거 방법에 대한 네 가지 기준의 충족 여부를 정리하면 다음과 같다. 선거 방법들이 과반수 기준이나 단조 기준은 비교적 잘 충족시키지만, 콩도르세 기준이나 사퇴자 무관 기준은 거의 만족시키지 못한다.

선거 방법 / 공정성 기준	최다득표제	보르다 점수법	최소득표자 탈락제	쌍대비교법
과반수 기준	○	×	○	○
콩도르세 기준	×	×	×	○
단조 기준	○	○	×	○
사퇴자 무관 기준	×	×	×	×

애로의 불가능 정리

케네스 애로Kenneth Arrow, 1921 ~ 는 자신의 박사학위 논문과 1951년의 저서 『사회적 선택과 개인의 가치』를 통해 '애로의 불가능 정리Arrow's impossibility theorem'를 발표했다. 애로는 세 명 이상의 후보자가 있는 선거에서 철저히 민주적이고 공정한 방법은 수학적으로 존재하지 않음을 증명하고, 그 공로로 1972년 노벨 경제학상을 받았다.

케네스 애로

민주주의의 꽃이라 불리는 선거, 그 어떤 선거 방법도 공정성 기준을 충족시키지 못한다는 것이 실망스럽기는 하지만, 이처럼 원천적으로 완벽하지 못하다면 상황에 따라 최적의 선거 방법을 선택하는 것이 관건이 된다. 그리고 특정 선거 방법에 의해 1등을 한 사람도 불완전하고 잠정적인 당선자일 뿐이므로, 겸손한 마음을 갖고 자신을 지지하지 않은 다수의 의견에 귀를 여는 대승적인 화합의 모습을 보여주어야 할 것이다.

03

게임이론

&

영화 <뷰티풀 마인드>

영화 같은 존 내시의 일생

영화 〈뷰티풀 마인드Beautiful Mind〉는 경제학자이자 수학자인 존 내시John Nash, 1928 ~ 2015의 이야기를 다룬다. 존 내시는 2015년 5월 노르웨이에서 개최된 아벨상 시상식에서 수상을 한 후 비행기를 타고 미국에 도착하여 공항에서 택시를 타고 가던 중 불의의 교통사고로 생을 마감하였다. 한 편의 드라마 같은 존 내시의 극적인 삶이 자동차 사고로 허무하게 막을 내린 것이다. 존 내시는 게임이론의 핵심을 이루는 '내시균형Nash equilibrium'을 생각해냈다. 게임이론이란 이해관계가 대립하는 사람들이 상대방의 행동을 고려하면서 자신의 이익이 최대가 되도록 행동하는 것을 수리적으로 분석하는 이론을 말하는데, 내시균형에 도달하면 게임의 참여자들은 상대가 내린 선택하에서 자신의 선택이 최적이기 때문에 더는 선택을 바꾸지 않게 된다.

영화 〈뷰티풀 마인드〉 포스터

1928년생인 내시는 20대 초반의 나이에 내시균형을 주제로 하는 28쪽짜리 박사학위 논문으로 일약 천재적인 학자로 떠오른다. 특히 내시는 대수기하 분야에서 두각을 나타냈고, 수학의 난제인 힐베르트의 문제 중 19번에 도전하면서 필즈상 후보로 거론될 정도의 수학적 성취를 보이기도 했다. 그러나 내시는 1959년 무렵부터 정신분열증에 시달렸고 파란만장한 인생의 굴곡을 겪으면서 4반세기가 지난 1994년에야 노벨 경제학상을 공동 수상했다.

내시균형에 대한 아이디어를 얻는 영화 속 장면

영화 속의 에피소드

영화에서는 내시가 금발의 미녀를 둘러싼 남성의 심리적인 역학 관계에서 내시균형의 섬광 같은 아이디어를 얻는 것으로 그려진다. (물론 이 상황은 영화적 상상력을 반영한 것으로, 내시가 이를 통해 내시균형을 착안한 것은 아니다.) 어느 날 내시가 친구 네 명과 바에 앉아 있는데 금발 미녀 한 명과 흑갈색 머리의 여성 네 명이 들어온다. 남성들은 모두 금발 미녀에게 호감을 갖고 춤을 청하고 싶어 한다. 이때 일어날 수 있는 경우를 살펴보자. 첫째, 네 명의 남성이 금발 미녀에게 춤을 청할 때 그중 한 커플만 성사되고 세 명은 모두 실패하거나, 만일 금발 미녀가 그 누구도 받아들이지 않는다면 네 명 모두 실패할수 있다. 왜냐하면 흑갈색 머리의 여성은 금발 미녀에게 거절당한 후 차선책으로 자신을 선택한 남성을 받아들이지 않을 가능성이 높기 때문이다. 둘째, 네 명의 남성이 네 명의 흑갈색 머리의 여성에게 분산해서 접근하는 경우 여러 커플이 성사될 수있다. 커플로 춤을 추면서 얻는 만족감을 사회적 효용이라고 할때, 사회적 효용은 두 번째 경우가 첫 번째 경우보다 높다. 금발 미녀가 아니더라도 흑갈색 머리의 여성과 춤을 추는 것이 아예 춤을 못 추는 것보다는 낫기 때문이다.

영화에서 내시와 친구들은 '보이지 않는 손'에 의해 시장경제 체제가 효율성을 높인다는 고전경제학의 아버지 애덤 스미스를 비판한다. 애덤 스미스는 각 개인의 이익 추구가 전체의 이익으로 귀결된다고 보았는데, 영화에서 네 남성이 자신의 이익만을 생각하고 모두가 금발 미녀에게 접근할 때 전체적인 사회적 효용은 낮아지기 때문이다. 물론 애덤 스미스에 대한 영화 속 비판은 반 이상이 농담이다.

제로섬 게임

게임이론을 설명할 때 사용되는 개념이 보수행렬payoff matrix이다. 보수행렬은 특정 상황에서 각자가 얻게 되는 이익이나 보상 등의 보수를 수치화하여 열거한 행렬을 말한다. 축구 페널티킥을 예로 들어보자. 페널티킥 상황에서 골키퍼는 키커가 공을 찰 것이라고 생각하는 방향으로 몸을 날린다. 방향을 정확하게 예측하여 몸을 날리면 골키퍼가 골을 막아내고, 반대 방향으로 예측하면 키커가 성공한다고 가정하자.

다음 보수행렬에는 (a, b)의 값이 제시되어 있는데, 이때 a는 골키퍼의 보수이고 b는 키커의 보수이다. 예를 들어 골키퍼가 특정한 방향으로 예측했는데 키커가 그 방향으로 공을 차면 막아내므로 골키퍼의 보수는 1이고, 키커는 실축하게 되므로 보수는 −1이 된다. 그에 반해 골키퍼가 예측한 방향과 반대 방향으로 키커가 공을 차면 키커가 득점하므로, 골키퍼의 보수는 −1이고 키커의 보수는 1이 된다.

골키퍼 ＼ 키커	오른쪽	왼쪽
오른쪽	(1, −1)	(−1, 1)
왼쪽	(−1, 1)	(1, −1)

앞의 보수행렬의 성분 (a, b)에서 $a + b = 0$, 즉 한쪽의 이익과 상대방의 손실의 합이 0이 되는 제로섬zero-sum 게임이 된다. 제로섬 게임은 게임이론의 창시자인 폰 노이만Johann Ludwig von Neumann과 모르겐슈테른Oskar Morgenstern이 제안했다.

순수전략: A의 최대최소항 = B의 최소최대항

제로섬 게임에서 선택이 이루어지는 과정을 살펴보자. A와 B 두 명이 게임을 할 때, A는 전략 A_1, A_2 중에서 선택하고, B는 전략 B_1, B_2 중에서 선택한다. 제로섬 게임에서는 A의 이익이 2일 때 B의 손실이 2 혹은 이익이 -2이므로 한 명의 보수만 적으면 되는데, 다음 표에 적힌 값은 A에 대한 보수이다.

A \ B	B_1	B_2
A_1	2	1
A_2	0	-3

A는 자신의 각 전략에 따라 나타나는 최악의 경우 중에서 최선의 것을 선택해야 한다. 즉, 각 전략에 따른 최소minimum 중에서 최대maximum를 선택해야 하며, 이를 최대최소항maximin이라고 한다. 예를 들어 전략 A_1을 선택했을 때 B의 전략에 따라 얻을 수 있는 보수는 2, 1이며 이 중에서 최소는 1이다. 전략 A_2를 선택했을 때의 최소는 -3이다. 이 중에서 최대최소항은 1이고,

전략 A_1을 선택해야 한다.

A \ B	B_1	B_2
A_1	2	1
A_2	0	−3

　이번에는 B의 입장에서 생각해보자. B 역시 자신의 각 전략
에 따라 나타나는 최악의 경우 중에서 최선의 것을 선택해야 하
는데, 앞의 보수행렬은 A의 보수 기준으로 되어 있으므로 A의
최선의 경우 중에서 최악의 것을 선택해야 한다. 즉, 각 전략
에 따른 최대 중에서 최소를 선택해야 하며, 이를 최소최대항
minimax이라고 한다. 예를 들어 전략 B_1을 선택했을 때 A의 전략
에 따라 얻을 수 있는 보수는 2, 0이며 이 중에서 최대는 2이다.
전략 B_2를 선택했을 때의 최대는 1이다. 이 중에서 최소최대항
은 1이고, B는 전략 B_2를 선택해야 한다.

A \ B	B_1	B_2
A_1	2	1
A_2	0	−3

　종합하면 A의 최대최소항과 B의 최소최대항은 전략 A_1, B_2가
짝을 이룬 1로 일치하는데, 이를 순수전략이라고 한다.

일본군과 연합군의 선택은?

순수전략으로 귀결되는 예가 실제로 있었다. 제2차 세계대전이 막바지에 이르던 1943년, 일본군과 연합군은 뉴기니 섬에서 대치하고 있었다. 일본군은 뉴브리튼 섬의 북쪽 항로인 비스마르크 해나 남쪽 항로인 솔로몬 해 중 한 곳을 선택하여 물자를 수송하고 병력을 이동시키려 했고, 연합군은 이동 중인 일본군을 폭격하기 위하여 마찬가지로 북쪽 항로나 남쪽 항로를 선택해야 했다. 당시 북쪽 항로는 비가 오고 시계視界가 확보되지 않는 궂은 날씨였고, 남쪽 항로는 맑은 날씨였다. 이때 각각의 경우 연합군이 일본군을 폭격할 수 있는 일수는 다음과 같다.

일본군 연합군	북쪽 항로	남쪽 항로
북쪽 항로	2일	2일
남쪽 항로	1일	3일

 vs

　연합군은 되도록 폭격 가능 일수를 늘리려고 하고 일본군은 줄이려고 할 것이다. 이 상황에서 연합군과 일본군의 최선의 전략은 무엇일까?

제2차 세계대전 당시 일본군과 연합군의 항로

　각 진영은 자신이 취하는 전략에 따라 일어날 수 있는 최악의 경우를 생각하고 그중 나은 전략을 선택해야 한다. 연합군이 북쪽 항로를 택할 때에는 일본군의 선택과 상관없이 2일간 폭격할 수 있다. 또 연합군이 남쪽 항로를 택할 때에는 일본군이 북쪽 항로를 택하느냐 남쪽 항로를 선택하느냐에 따라 각각 1일과 3일을 폭격할 수 있으므로 최악의 경우는 1일이 된다. 연합군은 자신이 북쪽 항로와 남쪽 항로를 택할 때 각각 최소 폭격일수인 2일과 1일 중에서 더 유리한 2일, 즉 북쪽 항로를 택하게 된다.

한편 일본군이 북쪽 항로를 택하면 연합군의 선택에 따라 각각 2일 또는 1일간 폭격을 받게 되므로, 그중 최악은 2일간 폭격을 받는 것이다. 일본군이 남쪽 항로를 선택할 때의 최악의 경우는 3일간 폭격을 받는 것이다. 이 중에서 피해가 적은 쪽은 2일, 즉 일본군이 북쪽 항로를 택할 때이다. 정리하면 연합군의 최대최소항과 일본군의 최소최대항은 모두 2일인 북쪽 항로가 된다.

연합군＼일본군	북쪽 항로	남쪽 항로
북쪽 항로	2일	2일
남쪽 항로	1일	3일

혼합전략: A의 최대최소항 ≠ B의 최소최대항

그런데 이와 달리 최대최소항과 최소최대항이 일치하지 않는 경우도 있다.

A＼B	B_1	B_2
A_1	3	−2
A_2	−1	0

앞에서와 마찬가지 방법을 동원해서 A의 최대최소항을 구해 보자. 전략 A_1을 선택했을 때 최소는 -2이고, 전략 A_2를 선택했을 때의 최소는 -1이므로, A의 최대최소항은 -1이다. 이번에는 B의 최소최대항을 구해보자. 전략 B_1을 선택했을 때 최대는 3이고, 전략 B_2를 선택했을 때의 최대는 0이므로, B의 최소최대항은 0이다. 정리하면 A의 입장에서 최대최소항은 전략 A_2, B_1이 짝을 이룬 -1이고, B의 입장에서의 최소최대항은 전략 A_2, B_2가 짝을 이룬 0이다.

A \ B	B_1	B_2
A_1	3	-2
A_2	-1	0

한편 A와 B가 동시에 선택하지 않고 순차적으로 선택한다면 상대의 전략에 따라 각자의 선택이 달라진다. A가 최대최소항인 전략 A_2를 선택했을 때의 보수는 -1 혹은 0인데, 이는 A를 기준으로 작성된 보수이므로 B의 입장에서는 A의 이익이 적은 -1을 선택하는 것이 B의 이익을 높이는 방안이다. 따라서 B는 전략 B_1을 선택한다. 이제 전략 B_1 하에서 A에게 최대 이익을 보장하는 것은 보수가 3인 전략 A_1이다. 이제 전략 A_1이 선택된 상태에서 B는 동일한 논리에 의해 전략 B_2를 선택한다.

이런 경우 A와 B는 혼합전략으로 귀결된다. A가 전략 A_1을 선택하는 비율을 α라고 하면, 전략 A_2를 선택하는 비율은 $1 - \alpha$가 된다. 또한 B가 전략 B_1을 선택하는 비율을 β라고 하면, 전략 B_2를 선택하는 비율은 $1 - \beta$가 된다.

A \ B	B_1 (β)	B_2 ($1 - \beta$)
A_1 (α)	3	−2
A_2 ($1 - \alpha$)	−1	0

B가 전략 B_1을 선택했을 때의 보수는 $v_1 = 3\alpha - (1 - \alpha) = 4\alpha - 1$이고, 전략 B_2를 선택했을 때의 보수는 $v_2 = -2\alpha + 0(1 - \alpha) = -2\alpha$이다. 또한 두 직선 v_1, v_2는 $4\alpha - 1 = -2\alpha$, 즉 $\alpha = \frac{1}{6}$에서 만나며 그때 $v_1 = v_2 = -\frac{1}{3}$이다.

B의 입장에서는 자신의 손실을 최소화해야 하므로 v_1, v_2를 나타내는 직선에서 $\wedge$와 같이 아래쪽을 선택해야 한다. 즉, $\alpha < \frac{1}{6}$일 때에는 전략 B_1을, $\alpha > \frac{1}{6}$일 때에는 전략 B_2를 선택하는 것이 유리하다. 이 상황에서 최소는 두 그래프의 아랫부분을 택하는 것이고, 그중 최대인 $\alpha = \frac{1}{6}$는 최대최소항이므로, 혼합전략에서도 최대최소 방법은 유효하다.

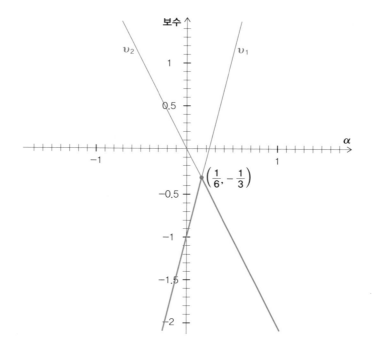

이번에는 A의 선택에 대해 생각해보자. A가 전략 A_1을 선택했을 때의 보수는 $u_1 = 3\beta - 2(1 - \beta) = 5\beta - 2$이고, 전략 A_2를 선택했을 때의 보수는 $u_2 = -\beta + 0(1 - \beta) = -\beta$이다. 또한 두 직선 u_1, u_2는 $5\beta - 2 = -\beta$, 즉 $\beta = \frac{1}{3}$에서 만나며 그때 $u_1 = u_2 = -\frac{1}{3}$이다.

A의 입장에서는 자신의 이익을 최대화해야 하므로 u_1, u_2를 나타내는 직선에서 ∨와 같이 위쪽을 선택해야 한다. 즉,

$\beta < \dfrac{1}{3}$일 때에는 전략 A_2를, $\beta > \dfrac{1}{3}$일 때에는 전략 A_1을 선택하는 것이 유리하다. 이 상황에서 최대는 두 그래프의 윗부분을 택하는 것이고, 그중 최소인 $\beta = \dfrac{1}{3}$는 최소최대항이므로, 혼합전략에서도 최소최대 방법은 유효하다.

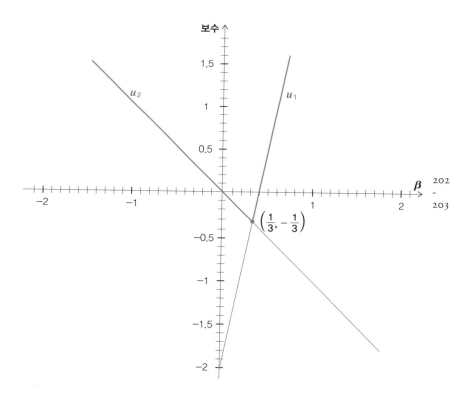

이와 같이 두 가지 경우로 나누어 구하지 않고, 하나의 식으로 구할 수도 있다. 앞의 설정에서 전체 보수는 다음과 같다.

$$3\alpha\beta - 2\alpha(1-\beta) - (1-\alpha)\beta + 0(1-\alpha)(1-\beta)$$
$$= 6\alpha\beta - 2\alpha - \beta$$
$$= 6(\alpha - \frac{1}{6})(\beta - \frac{1}{3}) - \frac{1}{3}$$

따라서 $\alpha = \frac{1}{6}$, $\beta = \frac{1}{3}$일 때 보수는 $-\frac{1}{3}$임을 알 수 있다. 즉, A는 전략 A_1을 $\frac{1}{6}$, 전략 A_2를 $\frac{5}{6}$, B는 전략 B_1을 $\frac{1}{3}$, 전략 B_2를 $\frac{2}{3}$의 비율로 선택해야 하고, 이때 A의 보수는 $-\frac{1}{3}$이 된다.

일반화된 정리

보수행렬을 이루는 값에 따라 순수전략이나 혼합전략이 어떻게 정해지는지 종합한 정리theorem가 존재한다. A와 B 두 명이 게임을 하고 A는 전략 A_1, A_2 중에서 선택하고, B는 전략 B_1, B_2 중에서 선택하며 각각의 경우에 대한 보수가 a, b, c, d라고 하자. 이때 a, b, c, d는 모두 다른 수이며, $d-b$, $a-c$, $d-c$, $a-b$의 부호에 따라 모두 16가지 경우가 존재한다. 이 중에서 12가지는 순수전략에 해당하고, 두 가지는 혼합전략에 의해 결정할 수 있으며, 두 가지는 모순이다.

A＼B	B_1	B_2
A_1	a	b
A_2	c	d

| 부호 | | | | 순수전략 | 혼합전략 |
$d-b$	$a-c$	$d-c$	$a-b$		
+	+	+	+	존재하지 않음	A는 전략 A₁을 $\dfrac{d-c}{(d-c)+(a-b)}$ 의 비율로, B는 전략 B₁을 $\dfrac{d-b}{(d-b)+(a-c)}$ 의 비율로 선택
+	+	+	−	a	
+	+	−	+	d	
+	+	−	−	모순	
+	−	+	+	c	
+	−	+	−	c	
+	−	−	+	d	
+	−	−	−	d	
−	+	+	+	b	
−	+	+	−	a	
−	+	−	+	b	
−	+	−	−	a	
−	−	+	+	모순	
−	−	+	−	c	
−	−	−	+	b	
−	−	−	−	존재하지 않음	A는 전략 A₁을 $\dfrac{d-c}{(d-c)+(a-b)}$ 의 비율로, B는 전략 B₁을 $\dfrac{d-b}{(d-b)+(a-c)}$ 의 비율로 선택

표에서 네 번째 경우인 $d - b > 0$, $a - c > 0$, $d - c < 0$, $a - b < 0$는 그 자체로 모순이다. 앞의 두 조건에 의해 $(d - b) + (a - c) > 0$이고, 뒤의 두 조건에 의해 $(d - c) + (a - b) < 0$이다. 그런데 $(d - b) + (a - c) = (d - c) + (a - b)$이므로 성립할 수 없다.

한편 앞에서 순수전략으로 귀결된 보수행렬은 다음과 같으며 $a = 2$, $b = 1$, $c = 0$, $d = -3$이다.

B / A	B_1	B_2
A_1	2	1
A_2	0	-3

$d - b = -4$, $a - c = 2$, $d - c = -3$, $a - b = 1$이므로 부호는 $(-, +, -, +)$이고, 일반화된 정리에 따르면 이 경우의 순수전략은 b가 된다. 실제 따져본 결과도 전략 A_1와 전략 B_2의 조합인 1이다.

앞에서 혼합전략으로 귀결된 보수행렬은 다음과 같으며 $a = 3$, $b = -2$, $c = -1$, $d = 0$이다. $d - b = 2$, $a - c = 4$, $d - c = 1$, $a - b = 5$이므로 부호는 $(+, +, +, +)$이고, 일반화된 정리에 따르면 이 경우는 순수 전략이 존재하지 않는다.

A \ B	B_1	B_2
A_1	3	-2
A_2	-1	0

그러므로 혼합전략의 선택 비율을 공식에 따라서 계산하면 앞에서와 동일한 결과를 얻을 수 있다. A는 전략 A_1을 $\dfrac{d-c}{(d-c)+(a-b)} = \dfrac{1}{1+5} = \dfrac{1}{6}$의 비율로, 그리고 B는 전략 B_1을 $\dfrac{d-b}{(d-b)+(a-c)} = \dfrac{2}{2+4} = \dfrac{1}{3}$의 비율로 선택해야 한다.

죄수의 딜레마

비제로섬non-zero sum 게임은 한쪽의 이익과 상대방의 손실의 합이 0이 되지 않는 경우로, 존 내시가 제안한 것이다. 비제로섬 게임의 대표적인 예가 '죄수의 딜레마prisoner's dilemma'이다. 죄수의 딜레마에서 설정은 다음과 같다.

A와 B가 경찰에 붙잡혀 서로 격리되어 심문을 받는데, 이들에게는 자백하거나 부인하는 두 가지 선택권이 있다. 두 사람 모두 자백하면 각각 2년형을 받게 된다. A가 자백하고 B가 부인하는 경우 A는 무죄로 풀려나지만 B는 가중처벌로 3년형을 받게 된다. 반대로 A가 부인하고 B가 자백하면 A는 3년형, B는 무죄를 받게 된다. 또 A와 B가 모두 부인하면 증거가 충분하지 않아 각각 1년형을 받게 된다고 하자.

A \ B	자백	부인
자백	(-2, -2)	(0, -3)
부인	(-3, 0)	(-1, -1)

이 상황에서 A는 B가 어떤 선택을 할지 모르기 때문에 두 가지를 모두 고려해야 한다. B가 자백할 때 A도 자백하면 2년이고, 부인하면 3년형을 받게 되니 최악을 피하려면 A는 자백하는 것이 낫다. 또 B가 부인할 때 A가 자백하면 무죄로 풀려나지만 부인하면 1년을 고생해야 한다. 즉, B가 부인할 때에도 A는 자백하는 것이 유리하다. B도 동일한 이유로 A가 자백하든 부인하든 자신은 자백하는 것이 낫다는 결론에 이른다. 이처럼 A와 B가 모두 자백을 선택하면 내시균형이 된다.

A와 B가 모두 자백할 때에는 (-2, -2)이므로 보수의 합은 -4이고, 한쪽이 자백하고 다른 쪽이 부인할 때는 (0, -3)과 (-3, 0)이므로 보수의 합은 -3이며, A와 B가 모두 부인하면 (-1, -1)이므로 보수는 -2이다. 둘이 함께 부인하면 보수가 가장 큰 최선의 선택이 되지만, A와 B 모두 자기 이득만을 고려하여 자백하기 때문에 결국 보수가 가장 낮은 선택을 하게 된다. 이처럼 비협력적 관계로 상대의 선택을 알 수 없는 불확실한 상황에서는 최악을 피하는 것이 선택의 기준이 된다.

선행학습을 죄수의 딜레마로

죄수의 딜레마는 다양한 사회 현상을 설명할 때 유용한 틀을 제공한다. 남북한의 군비 경쟁을 예로 들면, 남한과 북한 중 어느 한쪽이 군비를 증강하고 다른 쪽이 유지한다면 증강한 쪽은 유리해지지만 유지한 쪽은 불리해진다. 남북이 협정을 맺어 양쪽 모두 군비 지출을 하지 않는 것이 윈윈win-win이지만, 그런 협력적 관계가 아니기 때문에 남북한은 모두 경쟁적으로 군비를 증강한다. 그 결과 남북 어디에도 유리하지 않으면서 예산만 낭비하는 소모적인 결과가 된다.

선행학습의 문제도 죄수의 딜레마로 생각해볼 수 있다. A와 B가 모두 선행학습을 할 때, 이를 위해 사교육을 받는 비용이나 심리적인 부담 등을 고려하여 보수를 (−1, −1)라고 놓자. A가 선행학습을 하고 B가 선행학습을 하지 않을 때 A는 비교 우위를 차지하고, B는 불리함을 감수해야 하므로 (1, −2)로 설정하자. 반대의 경우는 (−2, 1)이다. 마지막으로 A와 B 모두 선행학습을 하지 않는다면 특별한 유불리가 없으므로 보수는 (0, 0)이 된다.

A \ B	선행학습 有	선행학습 無
선행학습 有	(−1, −1)	(1, −2)
선행학습 無	(−2, 1)	(0, 0)

A와 B가 모두 선행학습을 하지 않는 경우의 보수가 가장 크지만, 죄수의 딜레마와 동일한 논리에 의해 A와 B가 모두 선행학습을 하는, 즉 보수가 가장 낮은 선택을 하게 되며 이것이 내시균형이 된다.

N

mathematics
&
philosophy

수학
&
철학

01

수리철학

&

영화 <옥스퍼드 살인 사건>

묵직하고 난해한 영화 <옥스퍼드 살인 사건>

<옥스퍼드 살인 사건The Oxford Murders>은 소설을 영화화한 2008
년 작품으로, 일련의 살인 사건을 다루는 가운데 수학의 본질에
대한 수리철학을 녹여낸 다소 묵직하면서도 난해한 영화이다.

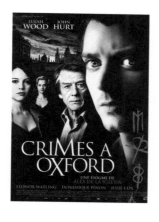

영화 <옥스퍼드 살인 사건> 포스터

책 『옥스퍼드 살인 방정식』 표지

영화는 옥스퍼드대학의 수리철학자 셀덤 교수의 강연 장면
으로 시작한다. 셀덤 교수는 오스트리아의 철학자 비트겐슈타
인Ludwig Wittgenstein, 1889 ~ 1951이 제1차 세계대전에 참전하여 포탄
이 쏟아지는 절체절명의 순간에 자신의 생각을 기록한 결과물
이 『논리철학논고』라고 소개한다. 비트겐슈타인의 생전에 출판
된 유일한 저서 『논리철학논고』는 7개의 명제와 그에 부속되는
하위 명제들로 구성된다. 명제가 지닌 논리적 무게에 따라 상위

```
명제 1

  1.1

    1.11

    1.12

    1.13

  1.2

    1.21

명제 2

    ...
```

명제와 하위 명제로 체계화했는데, 명제 1 다음에 이어지는 하위 명제에는 1.1, 그 하위 명제에는 1.11과 같이 일련의 번호를 붙이는 식이다. 이 책의 내용은 매우 함축적이어서, 명제 4는 '사고는 의미를 지닌 명제이다', 명제 5는 '명제는 요소 명제들의 진리 함수이다'와 같이 진술된다. 영화 속에서 셀덤 교수가 언급했듯이 비트겐슈타인은 수식을 사용하여 '우리는 진리를 알 수 있는가Can we know the truth?'라는 질문의 답을 찾아갔다.

영화에는 괴델의 불완전성의 정리, 타니야마–시무라 추측 등 수학 관련 소재들이 다수 등장한다. 프린스턴대학의 와일즈Andrew Wiles 교수가 페르마의 마지막 정리Fermat's last theorem를 증명한 것이 영화에서는 케임브리지대학의 윌크스Wilkes 교수가 보르마의 마지막 정리Bormat's last theorem를 증명하는 것으로 패러디된다.

미스터리 수열

미국의 수학도 마틴은 셀덤 교수의 가르침을 받기 위해 영국으로 향한다. 마틴의 역할은 영화 〈반지의 제왕〉으로 유명한 배우 일라이저 우드가 맡았다. 마틴의 하숙집에는 말기 암 환자인 노파와 그 딸인 베스가 사는데, 그 노파는 젊었을 때 셀덤 교수와 암호 해독을 함께하기도 했다. 셀덤 교수의 강연에서 마틴은 도전적인 질문을 했다가 청중들 앞에서 면박을 받자 옥스퍼드를 떠나기로 결심하고 하숙집으로 돌아온다. 마틴은 하숙집 앞에서 셀덤 교수를 우연히 만났고, 함께 집에 들어선 순간 주검이 된 노파를 발견한다. 경찰 조사를 받게 된 셀덤 교수는 사건 당일 쪽지를 받았는데 '수열의 첫 번째'라는 제목과 함께 원이 그려져 있었고 하숙집 주소와 시각이 적혀 있었다고 증언한다.

이어 두 번째 살인이 일어나고, 이 사건과 관련된 쪽지에 적힌 것은 두 개의 호가 겹쳐진 물고기 모양의 베시카 피시스Vesica Piscis이다. 세 번째 살인 사건과 더불어 발견된 쪽지에는 삼각형이 그려져 있다. 이제 네 번째 쪽지에는 무엇이 적혀 있을까?

원   베시카 피시스   삼각형

〈옥스퍼드 살인 사건〉의 장면

첫 번째의 원을 수축시키면 한 개의 점이 되므로 1을 의미한다. 두 번째에서 두 개의 호가 교차하면서 두 점에서 만나므로 2를 나타내고, 세 번째의 삼각형은 세 개의 꼭짓점을 가지므로 3을 의미한다. 그렇다면 네 번째 쪽지에는 네 개의 꼭짓점을 갖는 사각형이 그려져 있을 것이라고 예측할 수 있다. 물론 다른 예측도 가능하다. 첫 번째는 점이고, 두 번째는 두 개의 교점을 이은 직선이고, 세 번째는 평면도형의 가장 기본적인 형태인 삼각형이므로, 네 번째는 입체도형 중 가장 간단한 형태인 사면체가 될 수도 있다.

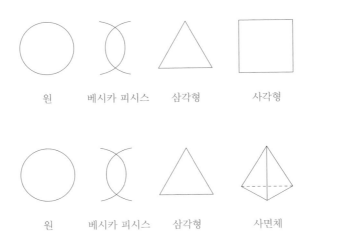

| 원 | 베시카 피시스 | 삼각형 | 사각형 |

| 원 | 베시카 피시스 | 삼각형 | 사면체 |

영화에서 네 번째 살인 사건을 예고한 쪽지에 그려 있는 것은 테트락티스tetractys이다. 테트락티스는 삼각형 모양으로 점들을 배열한 네 번째 삼각수이다. 피타고라스 학파는 테트락티스

가 우주 만물을 구성하는 기본 요소인 물, 불, 흙, 공기를 의미한다고 보았다. 또 테트락티스를 이루고 있는 제일 윗줄의 점하나는 0차원인 점, 그다음 줄의 점 두 개는 1차원인 직선, 점세 개는 2차원인 삼각형, 점 네 개는 3차원인 사면체를 나타내고, 따라서 이것들을 모두 모은 테트락티스는 공간을 의미한다고 보았다.

원　　베시카 피시스　　삼각형　　테트락티스

이런 수열의 규칙을 확증할 수 있는 장면이 영화에 나온다. 셀덤은 마틴에게 다음에서 네 번째에 오게 되는 모양을 알아맞히는 퀴즈를 낸다.

처음 세 개의 모양에서 중앙에 수직선을 그어보면 이 선을 대칭축으로 하는 숫자 1, 2, 3이 나타난다. 이 규칙성을 이용할

때 네 번째는 숫자 4를 대칭이 되도록 배열한, 즉 M의 중간에 수평선을 그은 모양이 된다. 이 장면은 쪽지에 담긴 단서가 1, 2, 3, 4라는 것을 암시한다.

일반적으로 수열에서 몇 개의 항이 열거되어 있을 때 그다음 항을 예측할 수는 있지만 그 예측이 절대적이지는 않다. 예를 들어 수열에서 처음 세 항이 1, 2, 3일 때 네 번째 항은 4일 수도 있지만, 그렇지 않을 수도 있다. 수열의 일반항이 $a_n = n$일 때만 네 번째 항은 4이다.

$$1, 2, 3, 4, 5, \cdots, n, \cdots$$

실제 수열의 처음 세 항이 1, 2, 3이면서 네 번째 항이 4가 아닌 경우는 무수히 많이 만들어낼 수 있다. 만일 수열을 $b_n = (n-1)(n-2)(n-3) + n$으로 정의하면 네 번째 항은 10, 다섯 번째 항은 29가 된다.

$$1, 2, 3, 10, 29, \cdots, (n-1)(n-2)(n-3) + n, \cdots$$

또한 수열을 $C_n = \left[\dfrac{n}{4}\right] + n$으로 정의하면([ ]은 가우스 기호로 $[n]$은 n을 넘지 않는 가장 큰 정수) 네 번째 항은 5, 다섯 번째 항은 6이 된다.

$$1, \ 2, \ 3, \ 5, \ 6, \ \cdots, \ \left[\dfrac{n}{4}\right] + n, \ \cdots$$

즉, 수열에서 일반항을 확인하기 전까지는 그다음 항을 확정하기 어렵다.

진짜 범인은?

영화의 스포일러가 되겠지만, 살인 사건의 전말은 다음과 같다. 첫 번째 살인, 즉 노파를 죽인 것은 딸인 베스이다. 평소 잔소리가 심한 엄마에게 불만을 가지고 있던 베스는 엄마를 살해하고 셀덤에게 도움을 청한다. 그런데 집 앞에 도착한 셀덤은 예기치 않게 마틴과 마주친다. 사건 현장을 조작하려던 계획이 실패하자 셀덤은 노파가 죽기 전에 하던 단어게임에서 즉흥적으로 아이디어를 얻어 원이 그려진 쪽지를 받았다고 경찰에서 진술한다. 이후 셀덤은 쪽지에 일련의 표식을 남기고 그에 따라 살인 사건이 일어난 것으로 상황을 조작한다. 그렇게 가상의 연쇄살인범을 만들어내면 베스가 혐의를 벗을 수 있기 때문이다. 셀덤은 30년 전 베스 아버지의 죽음이 자신의 실수라고 생각하기 때문에 베스에게 큰 심리적 부채를 가지고 있었고, 그 마음의 짐을 덜기 위해서 베스를 적극적으로 도운 것이다.

병원에서 일어난 두 번째 사건은 실제로는 자연사한 것이지만, 살인으로 위장하기 위해 셀덤이 시체 옆에 베시카 피시스가 그려진 쪽지를 남긴다. 세 번째 사건은 오케스트라 단원인 트라이앵글 연주자가 기도폐쇄로 사망한 것인데, 셀덤은 현장에서 지휘자의 악보에 남모르게 삼각형 표식을 남겨 살인 사건으로 위장한다. 셀덤은 네 번째 살인에 대한 예고로 테트락티스가 적힌 쪽지를 받았다고 거짓 진술을 하고 신문에 살인 예측 기사를 낸다. 경찰들은 예정된 장소에서 대기하며 살인을 막으려 하지만 결국 사건은 일어난다. 폐를 이식받아야 하는 딸을 둔 운전기사가 버스에 타고 있던 장애아들의 장기 기증을 유도하기 위해 일부러 교통사고를 낸 것이다. 그러니까 네 번째 사건은 원래 일어난 사망을 셀덤이 살인 사건으로 위장한 것이 아니라, 운전기사가 신문 기사를 보고 비뚤어진 부성애로 모방 범죄를 저지른 것이다.

나비효과

영화에서는 일련의 사건을 나비효과로 설명한다. 나비의 날갯짓과 같이 작은 변화가 폭풍우와 같은 커다란 변화를 유발시키는 나비효과처럼, 베스의 혐의를 벗겨주고자 한 셀덤의 조작이 네 번째의 비극적인 사건으로 귀결되었기 때문이다. 그런데 영화의 마지막에는 첫 번째 살인을 촉발시킨 사람이 마틴이라는 반전이 나온다. 즉, 나비효과의 시작점은 마틴이 무심코 건넨 말이다. 마틴을 짝사랑한 베스에게 마틴은 '한번 시도해봐'라고 말하는데, 이 말에 고무된 베스가 살인을 저지른 것이다.

비트겐슈타인과의 연결고리를 찾아볼까?

영화의 초반에 비트겐슈타인이 비중 있게 소개되기에 영화를 관통하는 철학이 제공될 것이라고 기대하게 되지만, 영화의 내용을 비트겐슈타인과 관련짓기는 쉽지 않다. 그래도 모종의 연결고리를 찾아보자. 영화에서 확실한 증거로 보이던 수열이 사실은 셀덤에 의해 조작된 허구이고 이를 알아챈 마틴이 '숫자도 거짓이다'라고 말한다. 이는 언어의 본질을 탐구하고 사고의 한계에 대해 회의하는 비트겐슈타인의 철학과 연결될 수 있을 것 같다.

비트겐슈타인은 삶 자체가 철학이라고 할 만큼 기행으로 점철된 인생을 살았는데, 그의 철학은『논리철학논고』로 대표되는 전기와 사후에 출간된『철학적 탐구』로 집약되는 후기로 구분된다.『논리철학논고』에서 비트겐슈타인은 언어의 본질은 실재를 묘사하거나 모사模寫하는 것으로, 우리가 말할 수 있는 것은 실재가 있는가에 관한 것이고 그것이 무엇인지는 말할 수 없다고 보았다. 그래서『논리철학논고』에 '말할 수 없는 것에 관해서는 침묵해야 한다'라는 유명한 7번 명제로 끝을 맺고, 비트겐슈타인은 철학계를 떠난다. 그는 10년의 공백 후 케임브리지대학으로 돌아와 세운 후기 철학에서는 언어의 범위를 확장한다. 이러한 전기와 후기의 철학은 아인슈타인의 특수상대성이론과 일반상대성이론에 비견되기도 한다. 먼저 발표된 특수상대성이론이 등속운동에 국한되었다면 나중에 등장한 일반상대성이론은 일반적인 운동으로 확대되는데, 비트겐슈타인이 언어의 범위를 넓힌 것과 유사하기 때문이다.

20세기 초 수리철학의 등장

수학적 지식의 확실성에 대한 신념은 고대 그리스 시대부터 있었다. 이때 수학의 확실성은 주로 수학적 대상의 명확함에 의존한다. 그런데 19세기 말 평행선 공준을 부정한 비유클리드 기하학이 나타나자 수학적 '대상'의 확실성에 대한 의문이 제기되었고, 그 대안으로 수학을 하는 '방법'에서 확실성을 찾고자 하는 경향이 나타났다.

　수학사를 살펴보면 17세기 말 미적분의 아이디어가 출현한 이후 18세기와 19세기에 걸쳐 수학 연구가 급속도로 진전한다. 그러나 수학적 엄밀성이 뒷받침되지 않은 상태에서 수렴, 연속, 미분가능성 등을 연구하다 보니 그 기초를 이루는 무한의 개념을 명료화할 필요가 생겨났다. 이때 무한이라는 판도라의 상자를 연 수학자가 칸토어Georg Cantor, 1845 ~ 1918이다. 이제 수학자들은 무한을 본격적으로 탐구하고 수학의 본질을 심각하게 반추하게 되었으며, 그 과정에서 20세기 초반 논리주의, 직관주의,

형식주의의 세 가지 수리철학 조류가 형성되었다.

집합론과 무한

집합론의 창시자인 칸토어는 무한을 셀 수 있는 가산집합
countable set과 셀 수 없는 비가산집합uncountable set으로 구분하였
다. 자연수, 정수, 유리수까지는 가산무한이고, 실수는 비가산
무한이다. 자연수와 정수에서는 어떤 수가 있을 때 그보다 크
거나 작은 바로 다음 수를 알 수 있다. 그에 반해 유리수에서는
바로 다음 수를 알 수 없지만 '유리수의 조밀성'에 의해 두 유리
수가 있으면 그 사이에 존재하는 유리수를 반드시 찾아낼 수 있
다. 그런 측면에서 볼 때 무한을 나눈다면 자연수와 정수를 하
나의 범주, 그리고 유리수와 실수를 또 하나의 범주로 구분하는
것이 자연스럽지 않을까 하는 생각이 들지만, 자연수와 정수와
유리수까지가 가산무한으로 묶인다.

집합의 크기를 나타내는 것이 기수cardinality인데, 유한집합의
경우 그 집합을 구성하고 있는 원소의 개수가 된다. 예를 들어
A = {1, 2, 3, 4, 5}이고 B = {1, 2, 3}일 때, A의 기수는 5이고
A의 진부분집합인 B의 기수는 3이며, card(A) = 5, card(B) = 3
으로 나타낸다. 이처럼 유한에서는 원래 집합의 기수가 진부분
집합의 기수보다 크다. 다시 말해 전체가 부분보다 크다.

그런데 무한에서는 전체와 부분의 크기가 같아지는 신기한
현상이 나타난다. 즉, 무한에서는 어떤 집합과 그 집합의 진부

분집합의 기수가 같아질 수 있다. 두 집합 사이에 일대일 대응이 성립될 수 있으면 두 집합의 기수가 같다고 정의하기 때문이다. 예를 들어 자연수의 집합 N과 짝수인 자연수의 집합 D를 생각해보자. 분명히 집합 D는 집합 N의 진부분집합이지만, 집합 N과 집합 D 사이에 일대일 대응인 함수 $f(x) = 2x$를 정의할 수 있다. 따라서 두 집합의 기수는 card(N) = card(D)로 같다.

힐베르트의 무한호텔

힐베르트는 무한의 이러한 속성을 드러내기 위해 '힐베르트의 무한호텔'을 고안했다. 무한개의 객실을 보유한 힐베르트 호텔에는 비어 있는 방이 전혀 없다. 그렇지만 호텔 입구에는 '아무리 많은 분이 오셔도 방은 언제나 준비되어 있습니다'라는 문구가 걸려 있다. 도대체 이 무한호텔에는 어떤 영업 비밀이 있는 것일까?

224 - 225

만일 손님 한 명이 새로 오면 모든 투숙객에게 옆방으로 한 칸씩 이동해 달라고 요청한다. 그리고 새로 온 손님을 비어 있는 1호실에 배치한다. 무한에 1을 더해도 무한이기 때문에 가능한 일이다. 무한 명의 손님이 새로 오더라도 유사한 방법을 적용하면 된다. 기존 투숙객에게 각자의 객실 번호에 2를 곱한 번호의 방으로 옮기라고 하면, 무한개의 홀수 번째 방이 비기 때문에 새 손님을 모두 수용할 수 있다. 무한에 2를 곱해도 여전히 무한이기 때문이다. 상식에 반하는 이런 무한의 성질 때문에 무한의 세계를 탐구했던 수학자 칸토어는 '나는 보았으나 믿지 못하겠다'라는 말을 남겼다. 무한을 머리로는 이해했지만 가슴으로 받아들이지 못한 것이다.

새로 온 투숙객은 홀수 번호 방으로

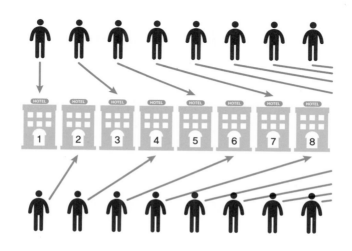

기존 투숙객은 각자의 객실 번호에 2를 곱한 번호의 방으로

힐베르트의 호텔과 유사한 방식으로 자연수의 집합 N, 정수의 집합 Z, 유리수의 집합 Q 사이에는 일대일 대응인 함수를 정의할 수 있다. 따라서 card(N) = card(Z) = card(Q)로 이들의 기수는 모두 같다. 분명히 자연수는 정수의 진부분집합이고, 정수는 유리수의 진부분집합이지만, 무한집합인 이들의 크기는 모두 같다. 이는 인간의 자연스러운 사고와 합치되지 않는 반직

관적 특성을 갖기 때문에 난해하게 받아들여질 수밖에 없다.

이처럼 파격적인 내용을 담은 칸토어의 집합론은 수학계에 큰 충격을 주었다. 독일의 수학자 크로네커Leopold Kronecker, 1823~1891는 수학은 유한한 수를 대상으로 유한한 연산을 다루어야 된다고 보았기 때문에 칸토어를 돌팔이charlatan, 변절자renegade라고 부르면서 극심하게 비난했다. 수학의 모든 분야에 능통한 마지막 수학자라고 불리는 푸앵카레Henri Poincaré, 1854~1912는 칸토어의 이론에 의해 수학은 잠시 질병에 걸렸지만 금방 회복할 것이라고 호언하기도 했다. 당시 수학계를 지배하고 있던 기라성 같은 수학자들의 비판으로 인해 칸토어는 정신 질환에 시달리면서 정신병원에 입원하기를 반복하다가 쓸쓸하게 생을 마쳤다.

논리주의

이제부터 세 가지 수리철학의 핵심 주장을 살펴보자. 논리주의logicism에서는 수학의 확실성을 보장하는 근거를 '논리'라고 보고, 수학을 논리로 환원하고자 했다. 이 세상에 논리보다 확실한 것은 없다고 보고 수학을 논리 위에 세우고자 했다. 다음 그림에서 논리주의자의 대표 학자인 러셀Bertrand Russell, 1872~1970은 화이트헤드와 공동으로 저술한 『수학원리Principia Mathematica』를 주머니에 꽂고 논리logic의 상자에 수학을 담고 있다.

그러나 논리주의의 시도는 그리 만족스럽지 못했다. 우선 모

논리주의를 표현한 삽화   러셀

---

* 논리주의, 직관주의, 형식주의에 대한 삽화는 1979년 발간된 *Mathematics Magazine* 52권 4호에 실린 Ernst Snapper의 "The Three Crises in Mathematics: Logicism, Intuitionism and Formalism"에서 발췌했다.

든 수학이 논리로 환원되지 않았을 뿐더러, 역설이 나타나기도 했다. 자기 자신을 원소로 갖지 않는 집합들을 모은 집합 S를 상정하면, S가 S의 원소라고 가정해도 모순이 발생하고, S가 S의 원소가 아니라고 가정해도 모순이 발생한다. 자기 자신을 원소로 갖지 않는 집합을 $S = \{x \mid x \notin x\}$라고 할 때 $S \in S$이면 $S \notin S$이고, $S \notin S$이면 $S \in S$이다. 이런 러셀의 역설을 막기 위해서는 집합들의 층위를 달리하는 유형론type theory을 받아들여야 하고, 그 외의 역설에 대응하기 위해 선택공리, 무한공리 등을 추가로 받아들여야 하면서 논리주의는 한계에 봉착하게 된다.

직관주의

직관주의intuitionism에서는 인간의 '직관直觀'을 중시한다. 직관은 말 그대로 '직접直 본다觀'라는 뜻으로, 가장 확실하고 믿을 수 있는 방법을 인간의 직관이라고 간주한 것이다. 이 관점에서 수학은 인간의 지적 구성 활동이라고 본다. 다음 그림을 보면 직관주의의 대표 학자인 브라우어L. E. J. Brouwer, 1881 ~ 1966가 직관주의라고 쓰인 현수막을 걸어 놓고 수학을 구성하고 있다. 직관에 부합하기 위해 유한 번의 단계로 구성해서 직접 보여주는 방법을 택한 것이다.

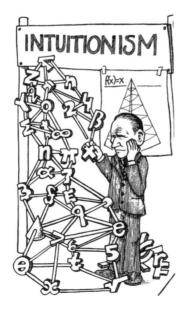

직관주의를 표현한 삽화   브라우어

배중률排中律, principle of excluded middle은 용어 그대로 중간中을 받아들이지 않는排 규칙律이다. 예를 들어 어떤 것은 존재하거나 존재하지 않거나 두 가지 중의 하나이고 그 중간은 없다. 배중률에 따라 어떤 것의 존재성을 보일 때에는 그것이 존재하지 않는다고 가정하고 모순을 보이면 된다. 왜냐하면 존재하거나 존재하지 않거나 두 가지 가능성밖에 없고, 존재하지 않을 때 모순이라면 존재할 수밖에 없기 때문이다. 수학에서 증명을 할 때에는 배중률을 따르는 경우가 많다. 그런데 직관주의에서는 이런 배중률이 직관적으로 자명하지 않다고 보아 무한집합에 대해 적용하지 않는다. 이처럼 배중률을 이용한 증명을 거부할 경우 고전수학의 많은 내용들을 잃게 되고, 그로 인해 직관주의는 한계를 맞는다.

비구성적 증명

직관주의자들이 인정하지 않는 비구성적 증명의 예를 살펴보자.

(명제) a^b이 유리수가 되는 두 무리수 a, b가 존재한다.

(증명) $\sqrt{2}^{\sqrt{2}}$은 유리수이거나 무리수이다. 만약 $\sqrt{2}^{\sqrt{2}}$이 유리수라면

$a = \sqrt{2}$, $b = \sqrt{2}$는 모두 무리수이므로 이 명제를 만족시키는

경우가 된다.

그렇지 않고 $\sqrt{2}^{\sqrt{2}}$이 무리수라고 하자.

$a = \sqrt{2}^{\sqrt{2}}$, $b = \sqrt{2}$라고 하면 a, b는 모두 무리수이다.

$a^b = (\sqrt{2}^{\sqrt{2}})^{\sqrt{2}} = \sqrt{2}^{\sqrt{2} \cdot \sqrt{2}} = \sqrt{2}^2 = 2$로 유리수가 되므로

a^b이 유리수이면서 a, b가 모두 무리수인 경우가 된다.

이 증명은 $\sqrt{2}^{\sqrt{2}}$이 유리수이거나 무리수라는 배중률을 이용한다.

그러나 직관주의자들은 유한 번의 알고리즘으로 그 수가

무리수이거나 유리수임을 증명해야 한다고 믿기 때문에 이는

완전한 증명이 아니라고 생각한다.

형식주의

직관주의자들로 인한 수학의 손실을 받아들일 수 없었던 형식
주의자들은 고전수학을 구하기 위해 '의미'를 포기했다. 수학에
서 의미를 제거하고 나면 수학은 장기나 바둑과 같은 일종의 게
임이 된다. 장기에 말이 있듯이 수학에는 점, 선, 면과 같은 대
상이 있고, 장기에 규칙이 있듯이 수학에는 대상들을 결합하는

공리와 논리 규칙이 있다. 그러면 어떤 게임이 완벽한 체계를 갖추기 위해서는 무엇이 보장되어야 할까? 첫째, 게임에서 발생하는 상황에 대해 언제는 된다고 했다가 언제는 안 된다고 하는 일이 없어야 한다. 즉, 일관성이 있어야 하는데 이를 무모순성consistency이라고 한다. 둘째, 게임에서 발생하는 모든 상황에 대해 판단을 내릴 수 있어야 하는데 이것이 완전성completeness이다. 수학에서의 완전성은 모든 수학적 명제들이 그 체계 내에서 증명 가능하거나 반증 가능한 것을 말한다.

형식주의를 표현한 삽화

힐베르트

형식주의formalism에서는 수학을 추상적인 기호를 다루는 형식 체계로 보고, 명제는 추론 규칙에 따라 다루어지는 기호의 유한 번의 연쇄로 해석한다. 형식주의를 나타내는 앞의 그림에서 형식주의 대표 학자인 힐베르트David Hilbert, 1862~1943는 수학의 대상을 장기판 위에 올려놓고 규칙을 지니고 있는 게임으로 다루고 있다.

형식주의의 무산: 괴델의 불완전성의 정리

힐베르트는 수학을 무모순성과 완전성을 갖춘 형식 체계로 정립하려는 담대한 계획을 가지고 있었다. 힐베르트는 1930년 9월 8일에 있었던 은퇴 강연에서 이런 의지를 담아 유명한 말을 남겼는데, 이 말은 사후 묘비에 새겨진다.

> Wir müssen wissen. Wir werden wissen.
> 우리는 알아야만 한다. 우리는 알게 될 것이다.

그런데 힐베르트가 이렇게 발언하기 바로 전날인 1930년 9월 7일, 오스트리아의 괴델Kurt Gödel, 1906~1978이 불완전성의 정리 Gödel's incompleteness theorem를 내놓는다. 무모순성과 완전성을 갖춘 수학 체계를 구성하려는 힐베르트의 야심찬 계획이 괴델에 의해 무너진 것이다. 괴델의 불완전성의 정리에 따르면 무모순성과 완전성을 동시에 갖춘 수학 체계를 만들 수 없다. 수학 체계의 무모순성을 유지하려면 증명할 수 없는 정리가 나타나 완전성이 무너지고, 또 모든 정리가 체계 내에서 증명되는 완전성을 이루려면 모순이 발생한다. 괴델은 '이 명제는 증명할 수 없다This statement cannot be proved'라는 명제를 소수素數에 기반한 괴델수Gödel number를 이용하여 식으로 바꾸었다.

만약 '이 명제는 증명할 수 없다'라는 명제를 증명할 수 있다면, 하나의 명제를 놓고 증명할 수 없다고도 하고 있다고도 하여 일관성을 잃게 된다. 즉, 무모순성을 유지할 수 없다. 그렇다면 이 명제는 증명할 수 없어야 한다. 그렇다면 그 체계 내에 증명할 수 없는 명제가 존재한다는 것을 인정하게 되어 완전성을 잃게 된다. 따라서 무모순성과 완전성이라는 두 마리의 토끼를 동시에 잡을 수는 없게 되었고, 수학을 완벽한 형식 체계로 만들려는 힐베르트의 시도는 실패로 돌아갔다.

힐베르트의 묘비

증명도 반증도 할 수 없는 명제

수학에는 증명할 수도 반증할 수도 없는 명제가 존재한다. 앞서 언급한 바와 같이 유리수는 가산무한이고 실수는 비가산무한이므로, 유리수 집합의 기수($\aleph_0$)가 실수 집합의 기수($2^{\aleph_0}$)보다 작다. 여기서는 기수가 $\aleph_0$보다 크고 $2^{\aleph_0}$보다 작은 무한집합이 존재하느냐의 문제가 파생된다. $\aleph_0$와 $2^{\aleph_0}$ 사이의 기수를 가지는 무한집합이 존재하지 않는다는 것이 바로 연속체 가설continuum hypothesis이다. 힐베르트는 1900년 프랑스에서 개최된 세계수학자대회에서 20세기 수학자들이 도전해야 하는 23개의 문제를 제시했는데, 연속체 가설은 그중 첫 번째 문제이다. 칸토어가 증명하지 못한 이 문제는 1963년에 이르러서야 미국의 수학자 코언Paul Cohen에 의해 풀린다. 여기서 풀렸다는 의미는 유리수 집합과 실수 집합 사이에 무한집합이 존재하지 않는 수체계도 있고, 존재하는 수체계도 있음을 밝힌 것이다. 즉, 연속체 가설이 참인 것도 가능하고 거짓인 것도 가능하므로 연속체 가설은 증명도 반증도 되지 않는 명제가 된다.

수학의 불완전성의 정리 vs 물리학의 불확정성의 원리

괴델과 비슷한 시기의 물리학자 하이젠베르크Werner Heisenberg, 1901 ~ 1976는 불확정성의 원리Heisenberg's uncertainty principle를 내놓았는데, 불완전성의 정리와 함의하는 바가 유사하다. 불확정성의 원리는 미시 세계에서 원자의 위치를 정확히 정하려면 움직이는 세기를 나타내는 운동량이 결정되지 않고, 운동량을 정확히 측정하려면 위치가 모호하게 되는 원리를 말한다. 위치 측정의 정확도를 높일수록 운동량 측정의 오차가 커지기 때문에 거시 세계에서는 가능했던 위치와 운동량을 동시에 정확하게 측정할 수 없다. 괴델과 하이젠베르크는 각각 1930년을 전후로 수학과 과학 지식의 한계를 드러낸 것이다.

02

괴델,
에스허르,
바흐

영화 〈인셉션〉의 펜로즈 계단

크리스토퍼 놀란 감독의 2010년 영화 〈인셉션Inception〉은 두세 번을 봐야 전반적인 의미를 파악할 수 있을 정도로 난해한 면이 있지만, 아이디어가 매우 참신한 화제작이었다. 이 영화는 타인의 꿈에 접속해 생각을 빼낼 수도 있고 반대로 머릿속에 생각을 심을 수도 있다는 기발한 가정으로 시작한다. 주인공 코브(레오나르도 디카프리오)는 이 기술을 이용해 경쟁 회사의 후계자에게 생각을 심는 작전을 펼친다.

영화 〈인셉션〉 포스터

영화 〈인셉션〉의 팽이

〈인셉션〉을 본 관객들에게 강하게 각인되어 있는 상징물은 아마도 팽이일 것이다. 팽이가 계속 돌면 꿈이고 멈추면 현실인데, 영화는 팽이가 영원히 돌지 멈출지 모르는 상태로 끝난다. 호접지몽胡蝶之夢은 꿈에 나비가 되어 즐기는 장자莊子가 자신이 나비인지 나비가 장자인지 분간하지 못하는, 즉 물아物我를 구별할 수 없는 상태를 말하는데, 〈인셉션〉 역시 어디까지가 꿈이고 어디까지가 현실인지 그 경계가 모호하다.

영화에서 팽이와 더불어 인상적인 것이 펜로즈 계단Penrose stairs이다. 펜로즈 계단은 무한히 오를 수 있는 신비의 계단인데, 현실 세계에는 존재할 수 없기 때문에 다층적이고 불가사의한 꿈의 세계를 나타내는 상징물로 등장한다. 영화에서 꿈의 설계사 아리아드네는 작전을 수행하는 아서의 손에 이끌려 펜로즈 계단을 계속 오르는 꿈을 꾼다. 그렇지만 펜로즈 계단을 카메라가 특정 방향에서 비추는 순간 낭떠러지와 같은 단면이 드러난다.

〈인셉션〉의 펜로즈 계단

펜로즈 삼각형

펜로즈 계단은 〈인셉션〉에 등장하면서 유명세를 얻었는데, 그보다 먼저 널리 알려진 것이 펜로즈 삼각형Penrose triangle이다. 펜로즈 삼각형은 수학자이자 물리학자인 펜로즈Roger Penrose, 1931 ~가 생각해낸 것으로, 펜로즈 계단과 마찬가지로 현실에서는 불가능한 도형이다. 펜로즈 삼각형에서는 세 변이 직각으로 만나므로 세 내각의 합은 270°가 되어, 삼각형의 세 내각의 합이 180°라는 자명한 사실에 위배된다. 즉, 2차원인 평면에서는 펜로즈 삼각형을 그려낼 수 있지만 3차원인 현실 공간에서는 존재할 수 없다.

펜로즈 삼각형

다음 사진은 3차원 공간에서 본 펜로즈 삼각형이다. 펜로즈 삼각형을 이루고 있는 기둥들이 실제로 떨어져 있지만, 보는 각도에 따라서는 연결된 것으로 착시 효과를 일으킨다.

호주의 이스트퍼스East Perth에 설치된 펜로즈 삼각형 조형물

펜로즈와 에스허르의 컬래버레이션

펜로즈에게 영감을 준 것은 네덜란드의 미술가 에스허르이다. 대학생이던 펜로즈는 1954년 세계수학자대회에 참여하여 에스허르의 작품을 접한다. 펜로즈는 에스허르의 1953년 작품 〈상대성〉에서 아이디어를 얻었고, 1958년 영국 심리학회지British Journal of Psychology에 펜로즈 삼각형에 대한 논문을 발표한다. 이후 펜로즈는 자신이 만든 펜로즈 삼각형과 펜로즈 계단을 에스허르에게 알려주었고, 에스허르는 다시 이를 모티브로 작품을 만들어낸다. 수학자와 미술가 사이에 의미 있는 컬래버레이션collaboration이 이루어진 것이다.

에스허르의 〈상대성〉

실제 에스허르의 〈상대성〉은 대영박물관을 배경으로 한 영화 〈박물관이 살아있다 3: 비밀의 무덤〉에도 등장한다. 마치 트릭 아트와도 같은 작품 〈상대성〉은 영화에서 스펙터클한 추격 장면의 배경이 되어 영화적 상상력을 높이는 데 기여했다.

〈박물관이 살아있다 3〉 포스터

〈박물관이 살아있다 3〉의 장면

에스허르의 작품 <올라가기와 내려가기>와 <폭포>

에스허르는 일련의 판화 작품을 통해 현실 세계에서 불가능한 공간과 형태를 다양한 방식으로 작품에 구현했다. 에스허르의 1960년 작품 〈올라가기와 내려가기〉에는 끝없이 이어지는 펜로즈 계단이 나온다. 이 작품에서 사람들은 올라가는가 싶으면 내려가고, 내려가는가 싶으면 올라가는 기이한 계단에 갇혀 빙빙 돌고 있다. 실제 이 계단은 3차원 공간에서 존재하는 것이 불가능하지만 에스허르는 착시와 원근법의 왜곡을 통해 마치

실존하는 것처럼 2차원 평면에 표현했다.

　에스허르의 1961년 작품인 〈폭포〉도 유사한 아이디어를 담고 있다. 폭포가 시작되는 곳에서부터 따라가다 보면 물길은 지그재그로 두 번 꺾이며 같은 높이로 흐른다. 그렇지만 층 사이의 기둥을 보면 폭포는 물레방아보다 두 층 높은 곳에 위치한다. 이렇게 만들어진 낙차는 폭포를 만들어내면서 물레방아를 돌린다. 그림의 각 부분에는 잘못된 곳이 없지만, 전체적으로는 불가능한 구도이다. 작품에 포함된 왼쪽 기둥의 윗부분에는 3개의 정육면체가 결합된 입체가, 그리고 오른쪽에는 3개의 정팔면체가 결합된 입체가 배치되어 있다.

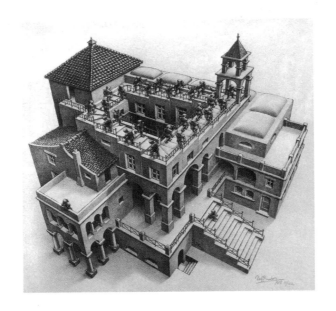

에스허르의 〈올라가기와 내려가기〉

3개의 정육면체가
결합된 입체

3개의 정팔면체가
결합된 입체

에스허르의 〈폭포〉

『괴델, 에스허르, 바흐: 영원한 황금 노끈』

퓰리처상에 빛나는 호프스태터Douglas Hofstadter, 1945 ~ 의 저서 『괴델, 에스허르, 바흐: 영원한 황금 노끈』은 수리철학자 괴델, 미술가 에스허르, 음악가 바흐를 넘나들면서 통섭의 절정을 보여준다. (한국어 번역본 제목에서는 '에셔'로 표기했으나, 외래어 표기법에 따라 '에스허르'로 적었다.) 호프스태터는 학부에서 수학을 전공했고 물리학으로 박사학위를 받았고 현재는 인디애나대학의 인지과학 및 컴퓨터공학과 교수이다. 인공지능과 선불교까지 폭넓게 아우르면서 학문적 깊이를 보여주는 호프스태터는 과학계의 움베르토 에코(이탈리아의 기호학자, 미학자, 언어학자, 철학자, 소설가, 역사학자)로 불린다. 괴델, 에스허르, 바흐라는 세 천재의 세계를 결합시킨 이 책의 구조는 음악에서 독립성이 강한 세 개의 멜로디를 결합하여 화성을 이루는 3성 대위법에 비유되곤 한다. 또한 그는 이 책에 '제논의 역설'에 나오는 '아킬레스'와 '거북이'를 등장시켜 대화체로 풀어가는 독창적인 시도를 했다.

호프스태터가 주목한 것은 불가능한 공간을 담은 에스허르의 판화 작품과 바흐의 '무한히 상승하는 카논'이 공통적인 구조를 갖는다는 점이다. 끝나는 것으로 보이는 종결부가 새로운 시작

펜로즈 삼각형에 괴델, 에스허르, 바흐의 이름이 적혀 있는 책 표지

을 알리는 도입부와 연결되면서 시작과 끝이 맞물리는 에스허르와 바흐의 작품은 '거짓말쟁이의 역설'을 거쳐 '괴델의 불완전성의 정리'까지 관통한다는 것이 호프스태터의 주장이다. 난해한 주제를 현란한 문체로 풀어낸 『괴델, 에스허르, 바흐: 영원한 황금 노끈』의 단점이라면 저자의 학문적 깊이를 따라갈 수 있는 독자가 극히 드물다는 점일 것이다.

바흐의 작품 <음악의 헌정>

바흐Johann Sebastian Bach, 1685 ~ 1750는 1747년 말년의 나이로 포츠담 상수시 궁전을 방문해 프로이센의 프리드리히 2세를 알현했다. 음악 애호가로 플루트를 직접 연주하기도 했던 프리드리히 2세는 바흐에게 다음 주제를 제시하고, 이를 이용해 즉흥곡을 작곡하라고 요청했다.

프리드리히 2세가 제시한 주제

바흐는 즉석에서 이 주제를 중심으로 3성 푸가를 작곡하고 연주하여 큰 갈채를 받았는데, 이에 왕은 6성 푸가로 작곡하여 연주해줄 것을 요청했다. 그런데 바흐는 이 주제를 모태로 6성 푸가를 만들기는 적절하지 않다고 판단하여 다른 주제로 6성

아돌프 멘첼의 〈상수시 궁전에서 열린 프리드리히 왕의 플루트 연주회〉

푸가를 연주했다. 왕의 요청에 충실히 부응하지 못한 것이 마음에 걸렸던 바흐는 라이프치히에 돌아오자마자 왕이 제시한 주제로 6성 푸가와 10개의 카논, 그리고 트리오소나타를 작곡했다. 왕 앞에서 연주한 3성 푸가까지 모두 13개의 곡을 동판에 새겨서 대왕에게 헌정했는데 이것이 바로 〈음악의 헌정Musical offering〉이다. 풍부한 음악적 영감과 다양한 악곡 형식이 어우러진 〈음악의 헌정〉은 바흐의 마지막 작품으로, 다음과 같이 라틴어 글귀가 적혀 있다.

Regis Iussu Cantio Et Reliqua Canonica Arte Resoluta

(왕의 명을 받아 카논 기법을 사용하여 작곡함)

이 문장을 이루고 있는 단어들의 첫 알파벳을 순서대로 적으면 RICERCAR인데, 리체르카RICERCAR는 푸가의 전신에 해당하는 단어이다. 바흐의 마지막 작품이 된 〈음악의 헌정〉에 담긴 곡들은 대위법의 절정을 보여주는 걸작으로 꼽힌다.

시작과 끝이 맞물리는 '무한히 상승하는 카논'

〈음악의 헌정〉에 포함된 곡 중에서 흥미로운 구성을 보이는 것이 '무한히 상승하는 카논endlessly rising canon'으로, '전조轉調에 의한 카논'이라는 표제가 드러내듯 무한히 상승하면서 조바꿈을 한다. 이 곡은 C단조 ⇒ D단조 ⇒ E단조 ⇒ F#단조 ⇒ G#단조 ⇒ B♭단조 ⇒ C단조로 6번의 조바꿈을 하고, 이 과정을 2번 반복하여 총 12번의 전조를 통해 종국에는 시작점인 C단조로 회귀한다.

카논의 가장 중요한 특징은 반복을 통한 자기표현이다. 반복은 여러 가지 방식으로 이루어질 수 있다. 시차를 두고 주제구를 반복할 수도 있고, 음 높이를 달리하면서 시차 없이 주제구를 반복할 수도 있으며, 주제구를 역행하여 반복하는 것도 가능하고, 주제구를 확대하거나 축소하면서 반복할 수도 있다. '무한히 상승하는 카논'은 3성으로, 프리드리히 2세가 제시한 주제의 변주가 가장 높은 성부를 이루고 나머지 2개의 성부는 카논적 화성인데, 중간 성부는 가장 낮은 성부를 5도 높은 음으로 한 마디 뒤에서 반복한다.

'무한히 상승하는 카논' C단조 ⇒ D단조

'무한히 상승하는 카논' B♭단조 ⇒ C단조

거짓말쟁이의 역설

에스허르와 바흐의 작품에 드러난 회귀 구조는 거짓말쟁이의
역설에서도 찾아볼 수 있다. '거짓말쟁이의 역설'은 자기모순에
빠지면서 무한히 순환하게 되는 다음 문장을 말한다.

이 문장은 거짓이다.

만약 이 문장이 참이라고 가정하면 문장의 내용에 의해 이 문장도 거짓이 된다. 이번에는 이 문장이 거짓이라고 가정하자. 그러면 문장의 내용에 따라 이 문장은 참이 된다. 이 문장이 참이라면 거짓이 되고, 거짓이라면 참이 되는 역설적인 관계는 에스허르의 1948년 판화 작품 〈그리는 손〉에도 담겨 있다. 이 작품에서 연필을 쥔 오른손은 왼쪽 와이셔츠 소매를 그리고, 왼손은 오른쪽 와이셔츠 소매를 그리고 있다. 참과 거짓이 계속 교차할 수밖에 없는 문장이나 양손이 서로를 그리는 그림에는 시작과 끝이 사라지고 끝없이 반복된다는 면에서 유사성이 있다.

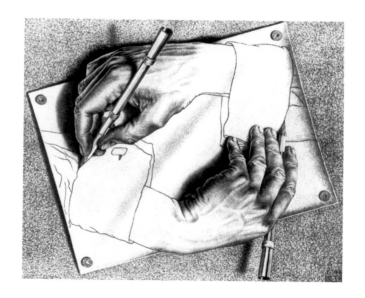

에스허르의 〈그리는 손〉

에피메니데스의 역설

거짓말쟁이의 역설과 함께 거론되는 것이 '에피메니데스의 역설'이다. 고대 그리스의 철학자이자 시인인 에피메니데스 Epimenides는 크레타 섬 사람으로 다음과 같은 말을 남겼다.

> 모든 크레타 섬 사람들은 거짓말쟁이이다.

만약 이 말이 참이라면, 에피메니데스 역시 크레타 섬 사람이므로 이 말은 거짓이 된다. 그런데 이 말이 거짓일 때는 반드시 참이 유도되지 않는다. 이 말이 거짓이라면 이 말을 부정한 '어떤 크레타 섬 사람은 거짓말쟁이가 아니다'가 된다. 부정을 할 때 '모든'은 '어떤'으로 바뀌기 때문이다. 따라서 크레타 섬 사람인 에피메니데스의 말은 참이 될 수도 있고, 그렇지 않을 수도 있다. 정리하면 이 말이 참이라면 거짓이 되지만, 거짓이라고 해서 반드시 참이 되는 것은 아니기 때문에, 에피메니데스의 역설은 거짓말쟁이의 역설과 약간 다르다.

괴델의 불완전성의 정리와 거짓말쟁이의 역설

다시 거짓말쟁이의 역설로 돌아와서, '이 문장은 거짓이다'와 연결시킬 수 있는 것이 괴델의 불완전성의 정리에 나오는 다음 명제이다.

> 이 명제는 증명할 수 없다.

　일반적으로 문장이 지향하는 바는 참이 되는 것이고, 명제가 지향하는 바는 증명되는 것이다. 이런 측면에서 볼 때 거짓말쟁이의 역설과 괴델의 불완전성의 정리는 자기부정을 그 특징으로 한다. 앞서 수리철학에서 알아본 바와 같이 괴델의 불완전성의 정리의 핵심은 완전성과 무모순성을 동시에 만족시키지 못한다는 것이다. 괴델은 불완전성의 정리를 통해 객관성을 갖는다고 간주되는 수학적 진리가 사실은 불완전한 토대 위에 서 있음을 갈파했다.

호프스태터의 혜안

에스허르의 불가능한 공간을 표현한 판화 작품과 바흐의 '무한히 상승하는 카논' 사이의 연결고리, 그리고 괴델의 불완전성의 정리까지 외연을 확장시켜 세 가닥의 실로 영원한 황금 노끈을 만들겠다는 호프스태터의 포부는 대단했다. 이질적인 분야를 관통하는 고리를 만들어낸 호프스태터의 혜안을 살짝이라도 엿보는 것은 지적으로 즐거운 경험이다.

03

유클리드의 『원론』

&

스피노자의 범신론

기하학의 확립 과정

기하학의 초기 발달은 이집트의 기하학, 탈레스의 기하학, 피타고라스 학파의 기하학, 유클리드의 기하학으로 이어진다. 이집트에서는 땅의 넓이와 둘레를 측정하는 지극히 실용적인 기하학이 발달하였고, 탈레스에 이르러서는 최초로 연역적인 증명이 시도되었으나 당시의 기하학은 여전히 현실 세계와 관련성을 맺고 있었다. 피타고라스 학파 시기에는 기하학이 실제적 활용과 단절되면서 본격적인 이론화의 길을 걷기 시작하였으며, 유클리드에 이르러서는 확고한 연역적 체계를 확립한다. 그런 의미에서 유클리드Euclid of Alexandria, B.C.330? ~ B.C.275?는 기하학의 아버지로 불린다.

고대 그리스에서 이론적 토대를 정립한 기하학은 중세에 3학trivium과 4과quadrivium로 이루어진 7자유학예의 한 분야로 자리매

유클리드 우표

탈레스 우표

김한다. 3학은 문법, 수사학, 논리학으로 인문학 위주이고 4과는 산술, 기하학, 천문학, 음악으로 자연과학 위주인데, 12세기에 저술된 『기쁨의 정원Hortus Deliciarum』에는 이를 나타내는 그림이 실려 있다. 가운데 철학자 여왕을 둘러싸고 12시 위치부터 시계 방향으로 문법, 수사학, 논리학, 음악, 산술, 기하학, 천문학을 나타내는 인물이 배치되어 있는데, 기하학을 대표하는 인물은 컴퍼스를 들고 있다.

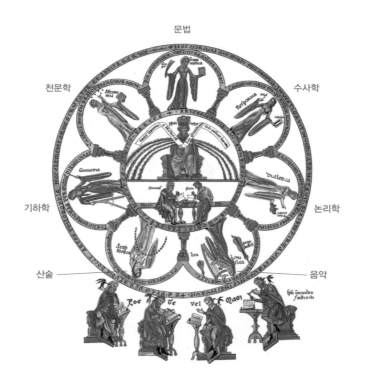

『기쁨의 정원』에 실린 7자유학예

알렉산드리아의 유클리드

기원전 300년경 프톨레마이오스 1세는 알렉산드리아, 즉 현재의 이집트 북단에 무세이온Mouseion을 세웠다. 무세이온은 도서관, 박물관, 강의실, 기숙사 등을 갖추고, 당대의 유명한 학자들을 두루 초빙하여 연구하도록 함으로써 약 1000년 동안 헬레니즘 시대 학문 연구의 중심지가 되었다. 유클리드는 플라톤이 아테네에 세운 '아카데미아'에서 수학을 배운 후 알렉산드리아로 옮겨 무세이온에서 평생 수학 연구에 매진하고 저술 작업을 하였다.

유클리드와 관련된 유명한 일화 중의 하나는 프톨레마이오스 1세와 주고받은 대화이다. 프톨레마이오스 1세는 기하학을 터득하기 위한 지름길을 물었고, 이에 대해 유클리드는 '기하학에 왕도가 없다'라는 유명한 말을 남겼다. 당시 왕이 다니는 왕도를 별도로 두었는데, 아무리 왕이라 할지라도 쉽게 속성으로 기하학을 배울 수는 없다는 것을 강조한 답변이다.

유클리드의 『원론』

유클리드가 저술한 『원론』의 그리스어 제목은 Stoicheia이고, 영어 제목은 Elements이다. 『원론』은 2000년이 넘는 시간 동안 수학적 사고의 정수精髓를 담은 최고의 수학책으로 군림해왔으며, 역사상 성경 다음으로 가장 널리 읽히고 연구된 책으로 평가된다. 『원론』은 그리스의 많은 문헌들과 마찬가지로 중세에 아라비아어로 번역되었고, 이후 라틴어와 영어로 번역되었다. 수학의 역사를 되돌아보면 아라비아는 자체적으로 수학의 발전을 이끌기도 했지만, 고대 그리스의 수학을 아라비아어로 충실하게 번역해놓았다가 이후 서유럽으로 전수하는 매개자의 역할을 했다. 아라비아가 아니었다면 고대 그리스의 찬란한 수학은 상당 부분 유실되었을 것이다.

1120년 애덜라드Adelard of Bath는 『원론』의 아라비아어 번역본으로부터 라틴어본을 펴냈는데, 이 책에는 여성이 직각자와 컴퍼스를 들고 승려들에게 수학을 가르치는 특이한 그림이 담겨 있다. 15세기 이후 인쇄술이 발달하면서 『원론』은 본격적으로 여러 언어로 번역되기 시작하여 1570년에는 최초로 영어본이, 1607년에는 중국어본이 출판되었다.

애덜라드의 라틴어 번역본 『원론』에 실린 그림

영어본 『원론(1570년)』　　　　중국어본 『원론(1607년)』

　　13권으로 이루어진 『원론』에 담겨 있는 방대한 내용은 유클리드의 머릿속에서만 나온 것이 아니라, 여러 수학자들에 의해 이루어진 연구 결과를 집대성한 것이다. 그렇지만 유클리드는 당시 알려져 있는 수학적 사실들을 13권의 수학책으로 집대성하는 과정에서 오류가 있는 내용은 정정하기도 했고, 이전보다 엄밀한 증명으로 바꾸기도 했기 때문에 독창적인 내용이 많지 않다 하더라도 수학사에 중요한 획을 그었다는 면에서 이의가 없을 것이다.

『원론』의 구성과 내용

『원론』은 흔히 기하학 책으로 알려져 있지만, 기하학 이외에도 수론을 비롯하여 광범위한 수학 주제들을 다루고 있다. 『원론』은 자명한 내용을 담고 있는 5개의 공리와 5개의 공준으로 시

	공리	공준	정의	명제	주요 내용
1권	5개	5개	23개	48개	평면도형
2권			2개	14개	평면도형 (기하적 대수)
3권			11개	37개	평면도형 (원, 현, 호)
4권			7개	16개	평면도형 (내접, 외접다각형 작도)
5권			18개	25개	비례론
6권			4개	33개	비례론의 평면도형에의 응용
7권			22개	39개	수론
8권				27개	수론
9권				36개	수론
10권			16개	115개	무리수
11권			28개	39개	입체도형
12권				18개	구적법
13권				18개	정다면체
계	5개	5개	131개	465개	

작한다. 공리axiom, common notion는 일반적인 원칙을 담고 있다. 첫 번째 공리는 '동일한 것과 같은 것들은 모두 서로 같다'인데, 이를 구체적으로 표현하면 'A와 B가 같고, 또 C도 B와 같다면 A와 C는 같다'라는 의미이다. 공준postulate은 기하학과 관련된 원칙으로, 첫 번째 공준은 '두 점을 잇는 직선은 하나이다'로 진술된다. 『원론』은 이처럼 증명이 필요 없을 정도로 자명한 공리 5개와 공준 5개를 토대로 하여 모두 465개의 명제를 증명해 낸다. 물론 명제들을 증명하기 위해 점, 선, 면과 같이 기초적인 개념에 대한 정의가 각 권마다 선행되기는 하지만, 이 정의들을 제외한다면 결국 10개의 사실을 토대로 465개나 되는 명제를 증명하는 셈이다. 『원론』의 지대한 가치 중 하나는 이처럼 최소한의 공리와 공준으로 수많은 명제들을 증명해낸다는 점이다.

연역적 증명

『원론』에서 명제를 연역적으로 증명하는 방식을 살펴보기 위해 구체적인 예를 들어보자. 1권의 [명제 20]은 다음과 같다.

삼각형의 두 변의 길이의 합은 나머지 한 변의 길이보다 길다.

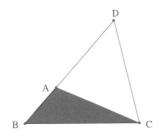

　　삼각형 ABC에서 $\overline{AB}$, $\overline{AC}$의 길이의 합은 $\overline{BC}$의 길이보다 길다는 것을 보여야 한다. 이 명제를 증명할 때 이용할 수 있는 것은 공리와 공준, 그리고 이전에 이미 증명한 명제들이다.

증명	증명의 근거
$\overline{BA}$의 연장선 위에 $\overline{AC} = \overline{AD}$인 점 D를 잡는다.	[공준 2] 선분은 무한히 연장할 수 있다. [명제 3] 짧은 선분과 긴 선분이 주어졌을 때 긴 선분 위에 짧은 선분과 길이가 같아지는 점을 잡을 수 있다.
$\overline{AC} = \overline{AD}$이므로 △ACD는 **이등변삼각형**이다. 따라서 ∠ACD = ∠ADC이고, ∠BCD > ∠ADC이다.	[명제 5] 이등변삼각형의 두 밑각은 같다.
∠BCD에 대응되는 변은 $\overline{BD}$로 그 길이는 $\overline{BA} + \overline{AC}$의 길이와 같으며, ∠ADC에 대응되는 변은 $\overline{BC}$이다. ∴ $\overline{BD}$의 길이는 $\overline{BC}$의 길이보다 길다.	[명제 19] 삼각형에서 큰 내각에 대응되는 변의 길이는 작은 내각에 대응되는 변의 길이보다 길다.
∴ $\overline{BA}$와 $\overline{AC}$의 길이의 합은 $\overline{BC}$의 길이보다 길다.	

이 증명은 연역적 증명의 전형을 보여준다. 예를 들어 증명의 첫 단계에서 $\overline{BA}$의 연장선 위에 $\overline{AC} = \overline{AD}$인 점 D를 잡는 과정만 하더라도 선분을 연장하여 직선을 그을 수 있다는 [공준 2], 그리고 짧은 선분과 긴 선분이 주어졌을 때 긴 선분 위에 짧은 선분과 길이가 같아지는 점을 잡을 수 있다는 [명제 3]을 이용한다. 상식적으로 당연하다고 여겨지는 그 어떤 것도 그대로 받아들이지 않고, 미리 약속한 공리와 공준에 철저히 근거하여 증명의 단계를 밟아간다.

『원론』의 공리적 체계

한 체계 내에서 어떤 명제가 성립함을 보이기 위해서는 그 이전에 증명된 다른 명제로부터 논리적, 연역적으로 추론해야 한다. 이때 증명에 이용된 명제 역시 이미 입증된 그 이전의 명제로부터 연역적으로 논증되어야 한다. 이런 과정을 거치다 보면 순환 논리에 빠질 수 있다. 따라서 처음에 증명 없이 받아들이는 몇 개의 명제로부터 출발해야 하는데, 이것이 곧 공리, 공준, 정의이다. 이처럼 몇 개의 약속을 주춧돌로 삼고 하나하나 벽돌을 쌓듯 명제들을 논리적으로 추론한 것을 '공리적 체계'라고 하는데, 『원론』은 공리적 체계의 전형을 보여준다.

그런데 공리적 체계는 비단 수학뿐 아니라 다른 분야에도 적용되며 그 대표적인 경우가 법이다. 한 예로 '공연법'은 1장 총칙을 포함하여 8개의 장과 부칙으로 구성되는데, 총칙의 1조에서는 공연법의 목적을 자명한 사실로 명시한다. 이에 이어 2조에서는 공연, 선전물, 공연자, 공연장, 공연연습장, 연소자 등 공연법과 관련된 일련의 개념들을 정의한다. 그 이후에는 공연법과 관련된 다양한 사항들을 규정하는데, 이는 공리, 공준, 정의를 앞에 제시하고 명제들이 뒤따르도록 되어 있는 『원론』과 비슷하다.

실제 판사가 판결을 내리는 것은 『원론』의 연역적 증명과 유사하다. 판사는 일차적으로 법률에 의거하여 이전의 판례를 근거로 판단하는데 이는 공리, 공준, 정의와 같이 이미 증명된 명제를 이용하는 수학적 증명 방식과 유사하다. 즉, 타당한 근거에 기초하고 논리적 추론에 따라 판결하는 것과 수학적 증명 사이에는 공통점이 있다.

그런 이유 때문인지 법을 전공했으면서 수학적 업적을 남긴 경우가 적지 않다. 가장 유명한 예는 2장 〈페르마의 밀실〉에서 소개한 프랑스의 페르마와 6장 원주율에서 소개할 비에트이다. 비에트는 문자를 이용하여 식을 간결하게 표현하는 방법을 크게 개선함으로써 본격적인 대수학의 시대를 열었다. 2장에서 소개한, 4색 문제의 증명을 내놓았던 켐프 역시 법률을 전공했다.

『원론』의 형식을 따른 뉴턴의 『프린키피아』

뉴턴의 『프린키피아: 자연철학의 수학적 원리』 역시 물체의 질량, 운동량, 관성, 구심력 등에 대한 정의로부터 시작한다.

[정의 1] 물체의 질량이란 밀도와 부피를 곱한 것이다.

[정의 2] 운동량이란 속도와 물체의 질량을 곱한 것이다.

[정의 3] 물체의 관성이란…

[정의 4] 가하는 힘이란…

[정의 5] 구심력이란…

[정의 6] 구심력의 절대강도란…

[정의 7] 구심력의 가속강도란…

[정의 8] 구심력의 동인강도란…

이어 세 개의 운동법칙인 관성의 법칙, 가속도의 법칙, 작용 반작용의 법칙을 설명한다. 그러고 나서 이에 기초하여 일련의 따름정리corollary와 보조정리lemma를 이끌어낸다. 예를 들어 따름 정리 1은 다음과 같다.

어떤 물체에 두 힘이 동시에 작용하면, 그 물체는 같은 시 간 동안 평행사변형의 대각선을 따라 움직이는데, 그 평행 사변형의 두 변은 두 힘이 따로 작용했을 때 그 물체가 같 은 시간 동안 지났을 길이다.

이 따름정리를 증명하는 데 필요한 것은 관성의 법칙과 가속
도의 법칙이며, 나머지 따름정리와 보조정리도 운동법칙이나
이미 증명된 정리를 이용하여 증명된다.

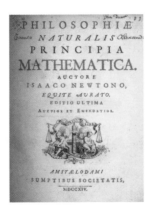

뉴턴 우표   뉴턴의 『프린키피아』

『원론』의 형식을 따른 스피노자의 『윤리학』

17세기 네덜란드의 스피노자Benedictus de Spinoza, 1632 ~ 1677는 데카
르트, 라이프니츠와 함께 대륙의 합리론을 대변하는 근대철학
자이다. 유물론자이자 무신론자인 스피노자는 '모든 것이 신'이

라는 범신론汎神論을 주장하였는데, 그에게 있어 신이란 인격적인 초월자가 아니라 비인격적인 자연을 말한다. 그러한 스피노자가 철학을 정당화하는 방법으로 선택한 것은 기하학적 증명 방식이다. 자신의 철학적 주장을 가장 설득력 있게 관철시킬 수 있는 방법을 제공하는 대상이 수학이라고 본 것이다.

스피노자 우표

스피노자의 『기하학적 순서로 증명된 윤리학』

1677년 스피노자의 사후에 발표된, 우리에게는 『에티카』로 더 잘 알려진 『기하학적 순서로 증명된 윤리학』은 유클리드의 『원론』과 마찬가지로 약속된 자명한 사실에서 출발하여 연역적인 논증에 의해 범신론을 이끌어낸다. 이 책은 5개의 장으로 되어있는데, 그중 첫 번째 장인 '신에 대하여'는 8개의 정의와 7개의 공리를 출발점으로 하여 36개의 명제를 증명해낸다. 그중의 일부를 살펴보면 다음과 같다.

[정의 3] '실체substance'란 자신 안에 존재하면서 그 자체로 이해되는 것이다. 즉, 실체는 그것의 개념을 형성하기 위하여 다른 것의 개념을 필요로 하지 않는다.

[정의 5] '양태mode'란 실체의 변용으로, 다른 것 안에 존재하거나 다른 것을 통하여 이해되는 것이다.

[공리 1] 모든 것은 그 안에 존재하거나 다른 것 안에 존재한다.

이러한 정의와 공리는 약속으로 받아들이는 것이고, 이에 기초하여 일련의 정리들을 증명하게 된다. [명제 15]는 다음과 같은 내용을 담고 있다.

[명제 15] 존재하는 모든 것은 신 안에 있으며, 신 없이는 아무것도 존재할 수도 이해될 수도 없다.

이를 증명하는 과정에서 앞서 약속한 정의와 공리, 그리고 이미 증명한 정리가 이용된다. [공리 1]에 따르면 모든 것은 그 안에 존재하거나 다른 것 안에 존재하므로 결국 실체와 양태이다. [정의 3]에 따르면 실체란 그 안에 존재하면서 그 자체로 이해되는 것이지만, [정의 5]에 따르면 양태는 실체를 통해서만 존재할 수 있다. 한편 이 정리의 바로 앞에 증명한 [명제 14]에 따르면 신 이외에는 어떤 실체도 존재할 수도 이해될 수도 없다. 이를 모두 종합하면 존재하는 모든 것은 신 안에 있고, 신 없이는 어떤 것도 존재할 수도 이해될 수도 없다는 결론이 도출된다.

『원론』의 형식을 따른 미국의 독립 선언문

미국이 1776년 7월 4일 영국으로부터 독립할 당시 채택한 독립 선언문도 『원론』의 형식을 띠고 있다.

… 우리들은 다음과 같은 사실을 자명한 진리self-evident로 받아들인다. 모든 사람은 평등하게 태어났고, 창조주는 몇 개의 양도할 수 없는 권리를 부여했으며, 그 권리 중에는 생명과 자유와 행복의 추구가 있다. 이 권리를 확보하기 위하여 인류는 정부를 조직했으며, 이 정부의 정당한 권력은 인민의 동의로부터 유래하고 있는 것이다. 또 어떤 형태의 정부든 이러한 목적을 파괴할 때에는 언제든지 정부를 개혁하거나 폐지하여 인민의 안전과 행복을 가장 효과

적으로 가져올 수 있는, 그러한 원칙에 기초를 두고 그러
한 형태로 기구를 갖춘 새로운 정부를 조직하는 것은 인민
의 권리인 것이다. …

독립 선언문은 미국이 영국으로부터 독립하는 것이 정당하다
는 것을 이끌어내기 위하여 모든 사람은 평등하게 태어났고 생
명과 자유와 행복을 추구할 권리가 있다는 것을 비롯한 몇 개
의 자명한 진리로부터 출발한다. 이러한 기본적인 권리를 추구
하기 위해서는 정부를 새로 조직할 권리가 있는데, 영국 국왕
은 미국에 대한 악행과 착취를 반복함으로써 인민의 기본적인
권리를 침해하고 있다. 따라서 미국은 새로운 정부를 조직하기
위하여 영국으로부터 독립하는 것이 필요하다는 점을 부각시켰
다. 독립 선언문은 미국이 영국으로부터 독립하여 자체적인 국
가를 세우는 것이 정당함을 입증하기 위하여 공리와 같이 명백
한 사실에서 출발하여 논리적으로 추론해가는 『원론』의 방법론
을 이용하였다.

미국의 독립 선언문

N

mathematics
&
history

수학
&
역사

01

—

바빌로니아의
수학 노트,
점토판

수학도 4대 문명 발상지에서

인류가 문명을 이루기 위해서는 수학이라는 사고의 도구가 필요하기 때문에 수학의 초기 발전은 인류의 4대 문명 발상지를 중심으로 이루어졌다. 티그리스 강과 유프라테스 강 유역의 메소포타미아 문명, 나일 강 유역의 이집트 문명, 인더스 강 유역의 인도 문명, 황허 강 유역의 중국 문명, 이 4대 문명 발상지에서 모두 상당 수준의 수학이 발전했다. 수학이 그 시대를 살아간 인간의 정신적인 유산이라는 점을 고려하면 당대의 문명과 수학이 궤적을 함께하는 것은 당연하다.

점토판에 설형문자

그리스어로 '두 강 사이의 땅'이라는 뜻을 가진 메소포타미아 mesopotamia는 티그리스 강과 유프라테스 강 사이 지역을 말한다.

메소포타미아 지역은 수메르 문명, 바빌로니아 문명, 아시리아 문명과 같은 고대 문명의 요람으로, 수학의 역사는 바빌로니아 문명에서 본격적으로 시작한다. 바빌로니아인은 기록을 남기기 위해 점토판을 만들고 대나무 펜을 이용하여 쐐기모양의 설형 문자를 새겼다. 이 지역에서는 쉽게 구할 수 있는 지점토를 이용하여 점토판을 만들었는데, 점토판은 다른 매체에 비해 보존이 잘되기 때문에 당시 수학이 어땠는지 비교적 자세히 전해오고 있다. 그러나 중동에서 현재에도 계속되는 전쟁은 문화유산의 파괴라는 점에서도 인류의 큰 손실이 아닐 수 없다.

바빌로니아는 현재 이라크에 해당하는 중동 지역으로, 동서양의 교류가 활발하게 일어나는 길목에 위치하고 있어 한쪽으로 치우친 아프리카 대륙 북단의 이집트에 비해 지정학적 조건이 유리했다. 그런 연유로 바빌로니아에서는 상업과 교역이 활발했고, 기하학보다는 대수학 분야에서 더 큰 발전을 이루었다. 상거래에 필요한 방정식, 제곱근, 이자 계산을 위한 등비수열 등 대수 연구에 있어 괄목할 만한 수준을 보였지만, 기하는 주로 실제적인 측량과 관련된 수준에 머물러 있었다.

바빌로니아의 숫자

바빌로니아에서는 60진법을 사용했는데, 1부터 59까지의 수는 1과 10에 대한 숫자를 반복하여 열거하는 단순 배열법으로 표현했다.

| | 1 | | 10 |

1	11	21	31	41	51
2	12	22	32	42	52
3	13	23	33	43	53
4	14	24	34	44	54
5	15	25	35	45	55
6	16	26	36	46	56
7	17	27	37	47	57
8	18	28	38	48	58
9	19	29	39	49	59
10	20	30	40	50	

바빌로니아는 60이 넘는 수에 대해서는 위치적 수체계를 따랐다. 예를 들어 2016을 바빌로니아에서 60진법으로 표기하면 33, 36이 된다.

| 33 | 36 | : 60진법 |

$$(33 \times 60) + (36 \times 1) = 2016 \quad \text{: 10진법}$$

초기의 바빌로니아 수 표현에서는 중간에 빈 자리가 있을 때 숫자와 숫자 사이에 공백을 두었다. 그런데 그 수를 읽는 사람이 공백을 인식하지 못할 수도 있고, 또 공백이 한 자리가 아니라 두 자리일 수도 있는 등 여러 해석이 가능해진다. 이에 바빌로니아인들은 혼란을 방지하기 위해 빈 자리를 표시하는 기호 ◁ᄼ를 사용했다. 즉, 0에 해당하는 기호가 출현한 것이다. 하지만 이 기호는 자리가 비어 있음을 나타내는 표시에 불과했고, 본격적인 숫자로서 0은 인도에서 7세기경에 나타난다.

33　　0　　36　　: 60진법

$$(33 \times 60^2) + (0 \times 60) + (36 \times 1) = 118836 \quad : 10진법$$

　바빌로니아인들은 소수를 표현할 때에도 역시 60진법과 위치적 수체계를 적용하였다. 바빌로니아에서 60진법을 사용한 이유는 60의 약수가 많다는 성질 때문인데, 이 성질은 특히 60진법 소수에서 큰 장점으로 작용한다. 현재 사용하는 10진법의 기본수 10은 1과 자기 자신을 제외한 약수가 2와 5밖에 없기 때문에, 예를 들어 $\frac{1}{3}$은 10을 분모로 하는 분수로 나타낼 수 없고, 10진법 소수로 나타내면 0.333…으로 무한소수가 된다. 그에 반해 $\frac{1}{3}$은 $\frac{20}{60}$이기 때문에 60진법으로는 유한소수가 된다. 실제 60의 약수는 1과 자기 자신 이외에 2, 3, 4, 5, 6, 10, 12, 15, 20, 30으로 다양하기 때문에 대부분의 수는 60을 분모로 하는 분수로 나타낼 수 있다.

YBC 7289

예일대학 박물관에 소장되어 있는 YBCYale Babylonian Collection 7289는 기원전 1800년에서 1600년 사이에 제작된 것으로 추정되는데, $\sqrt{2}$의 값을 상당히 정확한 수준까지 기록하고 있는 점토판으로 유명하다. YBC 7289에 새겨진 쐐기문자 숫자를 판독해보면, 정사각형의 변에는 30이라고 적혀 있고, 대각선에는 $1;24,51,10$과 $42;25,35$라고 적혀 있다. (이 책에서는 자릿값에 따른 혼란을 방지하기 위해 정수와 소수 사이에 ';(세미콜론)'을 삽입했다.) 이는 바빌로니아의 60진법 분수로 표현된 것이므로, 10진법으로 변환하면 $1;24,51,10 =$ $1 + \dfrac{24}{60} + \dfrac{51}{60^2} + \dfrac{10}{60^3} ≒ 1.4142$이다. 이 값은 한 변의 길이가 1인 정사각형의 대각선의 길이 $\sqrt{2}$에 상당히 근접한 값이다.

한편 $1;24,51,10$의 아래에 적힌 $42;25,35$를 10진법으로 변

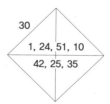

YBC 7289

환하면 $42 + \dfrac{25}{60} + \dfrac{35}{60^2} \fallingdotseq 42.4264$이다. 이 값은 정사각형의 한 변의 길이를 30으로 했을 때 그 대각선의 길이 $30\sqrt{2}$에 해당하는 값이다.

플림프톤 322

미국 컬럼비아대학 박물관에 소장되어 있는 플림프톤 322는 가장 유명한 점토판으로, 기원전 1900년에서 1600년 사이에 제작된 것으로 추정된다. 플림프톤 322는 뉴욕의 출판업자 플림프톤George Plimpton이 구입했고, 현재 이를 소장하고 있는 컬럼비아대학 박물관의 소장품 목록번호가 322번이기 때문에 붙여진 이름이다. 이 점토판은 가로 13센티미터, 세로 9센티미터, 두께 2센티미터로, 손에 들고 다니기에 적당한 크기인데, 당시 바빌로니아인들이 점토판을 갖고 다니면서 계산할 때 참고한 것으로 추측된다.

플림프톤 322

플림프톤 322는 모두 15개의 행과 4개의 열로 구성되는데, 4열에는 1부터 15까지 일련의 번호가 적혀 있다. 플림프톤 322의 2열과 3열에 새겨진 숫자는 '피타고라스의 세 수 Pythagorean triple'이다. 피타고라스의 세 수는 피타고라스의 정리 $a^2 + b^2 = c^2$이 성립하는 세 수 a, b, c를 말하는데, 플림프톤 322에는 b와 c의 쌍이 15개 적혀 있다. 그런데 흥미로운 사실은 잘못 적힌 수가 4개 있다는 점이다. 예를 들어 9행의 b는 481이 되어야 하는데 원본에는 541로 적혀 있다. 10진법의 수로 생각하면 481을 541로 잘못 적을 개연성이 낮아 보인다. 하지만 481과 541에 대한 60진법의 수가 각각 8,01과 9,01이라는 점을 고려하면 표기에서 실수했을 가능성이 높다.

10진법의 수   60진법의 수

$481 = 8 \times 60 + 1 \quad \Rightarrow \quad 8,01$

$541 = 9 \times 60 + 1 \quad \Rightarrow \quad 9,01$

플림프톤 322에 적혀 있는 b와 c를 10진법의 수로 변환하여 적고, $a^2 + b^2 = c^2$이 성립하도록 a를 채워 넣으면 다음 표와 같다. 이 표를 만들 때 피타고라스의 세 수를 만드는 체계적인 방법을 이용하면 편리하다. 두 수 p, $q(p > q)$가 서로소일 때 a, b, c를 $a = 2pq$, $b = p^2 - q^2$, $c = p^2 + q^2$으로 정하면 $a^2 + b^2 = c^2$을 만족하므로 피타고라스의 세 수가 된다. (단,

11행에서는 a, b, c를 계산할 때 일률적으로 15를 곱해주어야
한다.)

	2열	3열	4열		
a ($a = 2pq$)	b ($b = p^2 - q^2$)	c ($c = p^2 + q^2$)		p	q
120	119	169	1	12	5
3456	3367	11521 [4825]	2	64	27
4800	4601	6649	3	75	32
13500	12709	18541	4	125	54
72	65	97	5	9	4
360	319	481	6	20	9
2700	2291	3541	7	54	25
960	799	1249	8	32	15
600	541 [481]	769	9	25	12
6480	4961	8161	10	141	40
60	45	75	11	2	1
2400	1679	2929	12	48	25
240	25921 [161]	289	13	15	8
2700	1771	3229	14	50	27
90	56	53 [106]	15	9	5

280
-
281

* 플림프톤 322에서 잘못 표기된 수는 그 옆에 정정한 수를 분홍색으로 표
  시했다.

플림프톤 322의 2열	60진법의 수	10진법의 수
1,59	119
	56,07	3367
	1,16,41	4601
	3,31,49	12709
	1,05	65
	5,19	319
	38,11	2291
	13,19	799
	9,01 [8,01]	541 [481]
	1,22,41	4961
	45	45
	27,59	1679
	7,12,01 [2,41]	25921 [161]
	29,31	1771
	56	56

플림프톤 322의 3열	60진법의 수	10진법의 수
2,49	169
	3,12,01 [1,20,25]	11521 [4825]
	1,50,49	6649
	5,09,01	18541
	1,37	97
	8,01	481
	59,01	3541
	20,49	1249
	12,49	769
	2,16,01	8161
	1,15	75
	48,49	2929
	4,49	289
	53,49	3229
	53 [1,46]	53 [106]

피타고라스의 정리

피타고라스의 세 수를 계산하기 위해서는 피타고라스의 정리를 알고 있어야 한다. 그렇다면 기원전 6세기경에 활동한 피타고라스보다 1000년 이상 먼저 바빌로니아인들은 이미 이 정리를 알고 있었다는 결론이 나온다. 사실 피타고라스의 정리는 바빌로니아뿐 아니라 중국 등 거의 모든 고대 문명에서 발견되었고, 그런 면에서 인간의 사고가 도달하는 기하학 지식의 원형 prototype이라는 생각이 든다. 그렇다고 피타고라스의 정리에 대한 그리스의 기여를 폄하해서는 안 된다. 바빌로니아와 중국을 비롯한 고대 문명에서는 직각삼각형에서 성립하는 피타고라스의 정리를 단순히 알고 있었고, 고대 그리스에서는 직각을 낀 두 변의 길이의 제곱의 합이 빗변의 길이의 제곱이 되는 성질이 어떤 직각삼각형에서도 성립함을 연역적 증명으로 보였기 때문에 접근하는 방식에 있어 질적인 차이가 분명히 존재한다.

가장 빈번하게 증명된 정리

피타고라스의 정리는 1940년에 출간된 책 『The Pythagorean Proposition』에만 해도 370가지 방법으로 증명되어 있다. 그중에는 유클리드의 『원론』에 실린 것과 같이 연역적 논증의 극치를 보여주는 기하적인 증명도 있고, 대수적인 식이나 미적분을 이용한 증명도 있으며, 도형을 분해하고 각 부분들의 넓이의 합이 전체 넓이와 같다는 것을 이용하는 직관적인 방법도 있다.

또한 라이프니츠, 하위헌스, 르장드르, 아인슈타인 같은 수학자와 과학자의 증명, 레오나르도 다빈치와 미국 대통령 가필드와 같이 수학자가 아니면서 수학에 조예가 깊은 유명인에 의한 증명도 있다.

중국의 천문학서인 『주비산경』은 '구고현句股弦의 정리'라는 명칭으로 피타고라스의 정리를 소개하고 있다. 어떤 수식이나 도해도 없이 "구를 3, 고를 4라고 할 때 현은 5가 된다"라는 문장과 함께 간단한 그림으로 정리의 내용과 증명을 나타내고 있다. 중국에서는 피타고라스의 정리를 '진자'라는 사람이 발견했다고 하여 '진자의 정리'라고 부르기도 한다.

플림프톤 1열의 비밀

이제 플림프톤 322의 1열에 적힌 값이 무엇인지 알아보자. 1열의 1행은 60진법 소수로 1;59,00,15이고, 이를 10진법 소수로 고치면 1.9834…이다. a, b, c를 세 변으로 하는 직각삼각형에서 변 a와 변 c의 사잇각을 θ라고 하면 $\sec^2\theta = \dfrac{1}{\cos^2\theta} = \dfrac{1}{\dfrac{a^2}{c^2}} = \dfrac{c^2}{a^2}$이다. 그런데 $\sec^2\theta = \dfrac{c^2}{a^2} = \dfrac{169^2}{120^2} \fallingdotseq$

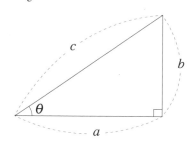

1.9834이고, 삼각함수표를 찾아보면 $\sec^2 44.76° \fallingdotseq 1.9834$이다. 정리하면 1열에 있는 값은 $\sec^2\theta$이고, 1행의 경우 θ는 44.76° 가 된다.

플림프톤 322의 1열	$\sec^2\theta$	θ
	1;59,00,15	44.76°
	1;56,56,58,14,50,06,15	44.25°
	1;55,07,41,15,33,45	43.79°
	1;53,10,29,32,52,16	43.27°
	1;48,54,01,40	42.08°
	1;47,06,41,40	41.54°
	1;43,11,56,28,26,40	40.32°
	1;41,33,45,14,03,45	39.77°
	1;38,33,36,36	38.72°
	1;35,10,02,28,27,24,26,40	37.44°
	1;33,45	36.87°
	1;29,21,54,02,15	34.98°
	1;27,00,03,45	33.86°
	1;25,48,51,35,06,40	33.26°
	1;23,13,46,40	31.89°

플림프톤 322의 2열과 3열에 제시된 피타고라스의 세 수는 크기가 들쑥날쑥하여 무작위로 배열한 것으로 보이지만, 1열의 값들은 $\sec^2\theta$에서 θ의 내림차순으로 배열한 것임을 알 수 있다. 1열의 값은 높은 경지에 달한 바빌로니아 수학의 수준을 단적으로 보여준다.

이차방정식의 풀이

바빌로니아의 문명에서는 다양한 유형의 방정식에 대한 기록을 찾아볼 수 있다. 이는 이집트 수학이 일차방정식의 풀이에 머물러 있었던 것과 대비되는 측면으로, 바빌로니아 수학이 남긴 대표적인 이차방정식 문제와 풀이는 다음과 같다.

[문제] 정사각형의 넓이에서 한 변의 길이를 뺐을 때

14,30이 된다면 그 정사각형의 한 변의 길이는 얼마인가?

정사각형의 한 변의 길이를 x라고 하면 정사각형의 넓이는 x^2이 된다. 그러므로 정사각형의 넓이에서 한 변의 길이를 빼면 $x^2 - x$가 된다. 60진법의 수 14,30은 10진법의 수로 $(14 \times 60) + 30 = 870$이므로 문제에서 주어진 조건을 이용하여 이차방정식 $x^2 - x = 870$을 세울 수 있다. 근의 공식에 의해 이 이차방정식의 해를 구하면 $x = \dfrac{1 \pm \sqrt{1^2 + 4 \cdot 870}}{2}$이다. 이 해를 다시 표현하면 $x = \dfrac{1}{2} \pm \sqrt{\left(\dfrac{1}{2}\right)^2 + 870} = \dfrac{1}{2} \pm \sqrt{\dfrac{3481}{4}}$ $= \dfrac{1}{2} \pm \dfrac{59}{2} = \dfrac{1}{2} \pm 29\dfrac{1}{2}$이다. 바빌로니아에서는 이 이차방정식의 해를 다음과 같이 구했는데, 60진법의 수를 10진법의 수로 바꾸면 이차방정식의 근의 공식과 동일한 식이 된다.

[바빌로니아의 60진법 소수 풀이]	[10진법의 수로 표현]
1의 절반을 취하면 0;30이다.	$\dfrac{1}{2}$
0;30에 0;30을 곱하면 0;15이다.	$\left(\dfrac{1}{2}\right)^2$
이것을 14,30에 더하면 14,30;15가 된다.	$\left(\dfrac{1}{2}\right)^2 + 870$
이는 29;30의 제곱이다.	$\left(\dfrac{1}{2}\right)^2 + 870 = \left(29\dfrac{1}{2}\right)^2$
이제 29;30에 0;30을 더하면 30이 되는데,	$29\dfrac{1}{2} + \dfrac{1}{2} = 30$
이것이 구하는 정사각형의 한 변의 길이이다.	

삼차방정식까지도

바빌로니아인들은 $1 \leq n \leq 30$인 자연수 n에 대해 $n^3 + n^2$ 을 계산한 표를 남겼으며, 이를 이용하여 특수한 형태의 삼차방정식을 해결하였다. 예를 들어 삼차방정식 $ax^3 + bx^2 = c$ 가 있다고 하자. 양변에 $\dfrac{a^2}{b^3}$ 을 곱하면 $\left(\dfrac{a}{b}x\right)^3 + \left(\dfrac{a}{b}x\right)^2 = \dfrac{ca^2}{b^3}$ 이다. $\dfrac{a}{b}x$를 y로 치환하면 $y^3 + y^2 = \dfrac{ca^2}{b^3}$ 이며 a, b, c의 값을 알고 있으므로 $\dfrac{ca^2}{b^3}$ 을 계산할 수 있다. 각각의 n에 대해 $n^3 + n^2$ 을 계산해놓은 표를 이용하면 $y^3 + y^2 = \dfrac{ca^2}{b^3}$ 에서 y를 알아내고 $x = \dfrac{b}{a}y$를 구할 수 있다. 일반화된 삼차방정식의 해법은 16

세기에 이르러서야 알아내지만, 바빌로니아인들은 당시에 이미 특정한 형태의 삼차방정식을 해결할 수 있었던 것이다.

02

이집트의
수학 노트,
파피루스

파피루스에 새긴 상형문자

이집트는 나일 강 주변의 파피루스라는 수생식물을 이용하여 종이의 일종인 파피루스를 만들고, 갈대 펜을 이용하여 상형문자를 새겨 넣었다. 파피루스는 분서갱유焚書坑儒와 같은 사건을 통해 일시에 유실되는 종이보다는 보존성이 높았지만, 점토판보다는 내구성이 좋지 않았다. 그런 연유로 바빌로니아의 점토판은 수백 개가 전해오는 데 반해 파피루스는 『린드 파피루스』와 『모스크바 파피루스』 등 소수만 남아 있다.

이집트인들은 영혼불멸 사상에 심취하여 사후 세계에 대한 관심이 지대했고, 왕들의 무덤인 피라미드를 건축하는 데 우선순위를 두었다. 따라서 피라미드를 세울 때 필요한 기하학이 주로 발달했고 대수학의 수준은 높지 않았다. 강력한 파라오의 지배하에 여러 가지 재화에 대한 분배의 필요성이 높았기 때문에, 당시 주식으로 삼았던 빵과 맥주를 공평하게 나누는 것과 관련하여 임의의 분수를 단위분수들의 합으로 나타내는 방법을 연구하였다.

Geometry의 어원

현대의 수학은 고도로 추상화된 성격을 띠지만, 수학의 기원을 살펴보면 인류는 현실 세계의 절실한 필요에서 수학적 개념을 만들어내고 계산 방법을 고안해냈다. 기하학을 뜻하는 geometry의 어원을 분석해보면 geo(땅) + metry(측량), 즉 땅을 측량하는 데에서 기하학이 발생했음을 알 수 있다. 실제 이집트의 기하학은 나일 강의 잦은 범람이 가져다준 선물이다. 강이 범람하고 나면 각자가 가지고 있던 땅의 경계를 다시 정해야 하기에 토지의 둘레나 넓이를 계산해야 할 필요가 있었고, 이는 곧 초기 기하학의 발달로 이어졌다. 이집트의 벽화에는 줄을 이용하여 땅을 측정하는 장면이 담겨 있다. 수학은 이러한 측정뿐 아니라 홍수가 시작될 시기를 예측하고 홍수에 대비해 운하를 만들고 둑을 쌓는 데도 필요했다.

기원전 18세기 이집트 벽화: 줄로 땅을 측정하는 장면

이집트의 숫자

이집트의 문자는 신성문자, 성직문자, 민용문자로 구분되는데, 이집트의 숫자로 널리 알려진 것은 신성문자이다. 나폴레옹 군대가 이집트 원정에서 발견한 로제타 스톤에는 신성문자와 민용문자와 그리스어가 함께 적혀 있기 때문에 이를 통해 이집트 문자를 해독할 수 있었다.

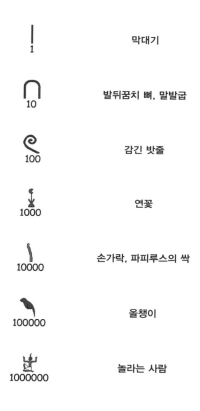

1	막대기
10	발뒤꿈치 뼈, 말발굽
100	감긴 밧줄
1000	연꽃
10000	손가락, 파피루스의 싹
100000	올챙이
1000000	놀라는 사람

10의 거듭제곱을 나타내는 이집트 숫자를 살펴보면 연꽃이 1000을 나타내고, 올챙이가 100000을 나타낸다는 사실로부터 당시 나일 강에 수많은 연꽃이 피어 있고 올챙이도 흔했음을 알 수 있다. 10000은 손가락이라는 해석도 있지만 나일 강 가에 솟아나던 파피루스의 싹이라고 보기도 한다. 또 1000000이 되면 큰 수이기 때문에 놀라는 사람의 모습으로 표현한 것도 흥미롭다. 이런 이집트의 숫자로 2016을 나타내면 다음과 같다.

$$(1 + 1 + 1 + 1 + 1 + 1) + (10) + (1000 + 1000) = 2016$$

　이집트에서는 큰 수에서 작은 수를 위와 같이 오른쪽에서 왼쪽으로 배열하기도 했고, 왼쪽에서 오른쪽으로 배열하기도 했다. 예로 든 2016의 경우는 동일한 숫자를 반복하여 적는 횟수가 많지 않지만, 9999의 경우 이집트의 숫자로 표기하기 위해서는 1000을 9번, 100을 9번, 10을 9번, 1을 9번씩 반복하여 적어야 하는 번거로움을 감수해야 한다.

　한편 이집트의 단위분수 표현은 위의 숫자들로 분모를 표시하고 그 위에 타원 모양을 배치했으며, 분모가 1이 아닌 경우는 각각에 대해 특정한 표기 방식을 고안했다.

$$\frac{1}{3} \qquad \cap = \frac{1}{10}$$

$$= \frac{1}{2} \qquad = \frac{2}{3} \qquad = \frac{3}{4}$$

『린드 파피루스』

이집트 문명의 전모를 밝히는 데 중요한 역할을 하는 것은 파피루스이다. 이집트의 파피루스 중에서 특히 주목받는 책은 기원전 1650년경 저술된 것으로 추정되는 『린드 파피루스』이다. 이 책의 제목은 1858년 이집트에서 파피루스를 구입하여 세상에 알리는 데 기여한 스코틀랜드의 골동품상 린드Alexander Henry Rhind의 이름을 딴 것인데, 파피루스에 필사본을 남겼던 아메스 Ahmes의 이름을 따서 『아메스 파피루스』라고도 한다. 현재 대영박물관에 전시되어 있는 『린드 파피루스』의 폭은 32센티미터이고 길이는 5미터가 넘는다.

『린드 파피루스』

이집트인의 단위분수 선호

『린드 파피루스』에는 n이 홀수이면서 $5 \leq n \leq 101$인 $\frac{2}{n}$ 형태의 분수를 여러 단위분수들의 합으로 나타낸 것이 실려 있다.

$$\frac{2}{5} = \frac{1}{3} + \frac{1}{15}$$
$$\frac{2}{7} = \frac{1}{4} + \frac{1}{28}$$
$$\cdots$$
$$\frac{2}{99} = \frac{1}{66} + \frac{1}{198}$$
$$\frac{2}{101} = \frac{1}{101} + \frac{1}{202} + \frac{1}{303} + \frac{1}{606}$$

분자가 2인 분수를 단위분수의 합으로 나타내는 방법은 다양한데, 그중의 하나가 $\frac{2}{p} = \frac{1}{\frac{p+1}{2}} + \frac{1}{\frac{p(p+1)}{2}}$ 이다. 이 방법을 이용하면 $\frac{2}{3}$, $\frac{2}{5}$, $\frac{2}{7}$, $\frac{2}{11}$ 등을 단위분수의 합으로 나타낼 수 있다. 예를 들어 $\frac{2}{3}$에서 $p = 3$이므로 이 식을 따르면 $\frac{2}{3} = \frac{1}{\frac{3+1}{2}} + \frac{1}{\frac{3 \times 4}{2}} = \frac{1}{2} + \frac{1}{6}$이 되고, $\frac{2}{11}$에서 $p = 11$이므로 $\frac{2}{11} = \frac{1}{\frac{11+1}{2}} + \frac{1}{\frac{11 \times 12}{2}} = \frac{1}{6} + \frac{1}{66}$이 된다. 그 외에도 다음 식을 통해 분자가 2인 분수를 단위분수의 합으로 나타낼 수 있다.

$$\frac{2}{p \cdot q} = \frac{1}{p \cdot \frac{p+q}{2}} + \frac{1}{q \cdot \frac{p+q}{2}}, \qquad \frac{2}{p} = \frac{1}{p} + \frac{1}{2p} + \frac{1}{3p} + \frac{1}{6p}$$

단위분수의 합으로 나타낸 이유는?

이집트에서 분수를 단위분수의 합으로 나타낸 이유는 공평한 분배라는 측면에서 해석할 수 있다. 예를 들어 $\frac{2}{5}$는 $2 \div 5$, 즉 2개를 5명이 등분하는 상황과 관련된다. 1개를 $\frac{2}{5}$조각으로 나누어 2명이 각각 갖고, 또 다른 1개를 $\frac{2}{5}$조각으로 나누어 2명이 각각 가진 후 양쪽에서 남은 $\frac{1}{5}$조각 2개를 모아 마지막 사람이 갖는다고 하자. 이때 4명은 $\frac{2}{5}$조각을 갖고 1명은 $\frac{1}{5}$조각 2개를 갖게 되는데, 양적으로는 동일하지만 질적으로는 다르므로 공평하지 못하다. 이때 위력을 발휘할 수 있는 것이 단위분수의 합이다. $\frac{2}{5} = \frac{1}{3} + \frac{1}{15}$이므로, 2개를 각각 3등분하여 크기가 $\frac{1}{3}$인 조각 6개로 만든 후 5명이 조각을 1개씩 나누어 갖는다. 크기가 $\frac{1}{3}$인 나머지 조각 1개를 5등분하여 $\frac{1}{15}$인 조각들을 각각 갖는다. 그러면 5명 모두 $\frac{1}{3}$조각 1개와 $\frac{1}{15}$조각 1개를 가지게 되므로 공평해진다.

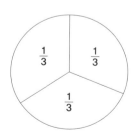
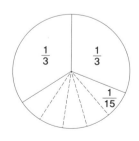

분수를 단위분수의 합으로 표현한 이유는 분수의 크기 비교와 관련지을 수도 있다. 예를 들어 $\frac{3}{4}$과 $\frac{107}{144}$의 크기를 비교할 때, 단위분수의 합으로 표현하면 공통인 단위분수들을 제외한 나머지 단위분수의 크기를 비교하면 되므로 분수의 대소 관계를 쉽게 파악할 수 있다.

$$\frac{3}{4} = \frac{1}{2} + \frac{1}{8} + \frac{1}{12} + \frac{1}{48} + \frac{1}{72} + \frac{1}{144}$$
$$\frac{107}{144} = \frac{1}{2} + \frac{1}{8} + \frac{1}{12} + \frac{1}{48} + \frac{1}{72}$$

에르되시-스트라우스 추측

단위분수의 합에 관한 연구는 아직도 진행형이다. 에르되시Paul Erdös, 1913 ~ 1996와 스트라우스Ernst Gabor Straus, 1922 ~ 1983는 다음과 같이 단위분수의 합으로 분해에 관한 추측을 만들었다.

> [추측] 모든 자연수 $n \geq 3$에 대하여
> $$\frac{4}{n} = \frac{1}{x} + \frac{1}{y} + \frac{1}{z}$$
> 을 만족하는 자연수 x, y, z가 항상 존재한다.

예를 들어 $\frac{4}{5} = \frac{1}{2} + \frac{1}{4} + \frac{1}{20}$과 같이 $\frac{4}{n}$은 항상 세 단위분수의 합으로 나타낼 수 있다. 이 추측을 증명하기 위해 많은 수학자

단위분수의 합으로 분해하기

임의의 양의 분수 $\frac{x}{y}$는 이집트인들이 알아냈듯이 단위분수의

합으로 나타낼 수 있다. 13세기 수학자 피보나치는 욕심쟁이

알고리즘greedy algorithm을 이용하여 양의 분수를 단위분수의 합으로

표현하는 일반적인 방법을 발견하였다.

$$\frac{x}{y} = \frac{1}{\left\lceil \frac{y}{x} \right\rceil} + \frac{(-y) \bmod x}{y \left\lceil \frac{y}{x} \right\rceil}$$

이 식에서 $\lceil \ \rceil$는 천장함수ceiling function(혹은 '올림함수')로,

주어진 수보다 큰 정수 중에서 최소인 정수이다. 예를 들어

$\frac{13}{4} = 3.25$이므로 $\left\lceil \frac{13}{4} \right\rceil$은 3.25보다 큰 정수들 중에서 최소인 4가

된다. 그리고 $\bmod x$는 어떤 수를 x로 나누었을 때의 나머지이다.

예를 들어 13을 4로 나누었을 때의 나머지는 1이므로,

$(13) \bmod 4 = 1$이다. 그렇지만 $-13 = (-4 \times 4) + 3$이기 때문에

$(-13) \bmod 4 = 3$이 된다.

이 식을 이용하여 $\frac{4}{13}$을 단위분수의 합으로 바꿔보자.

$\left\lceil \frac{13}{4} \right\rceil = 4$이고 $(-13) \bmod 4 = 3$이므로 위의 알고리즘을 적용하면

$\frac{4}{13} = \frac{1}{4} + \frac{3}{13 \times 4} = \frac{1}{4} + \frac{3}{52}$이다. $\frac{3}{52}$에 위의 알고리즘을

다시 적용하면 $\frac{3}{52} = \frac{1}{18} + \frac{2}{936} = \frac{1}{18} + \frac{1}{468}$이다. 따라서

$\frac{4}{13} = \frac{1}{4} + \frac{1}{18} + \frac{1}{468}$과 같이 단위분수의 합으로 나타낼 수 있다.

들이 도전했지만 아직 해결되지 않았다. 컴퓨터로 n이 10^{14}까지인 경우에 대해서 항상 성립한다는 것을 확인하였지만 이것이 증명은 아니다. 고대 이집트에서 다루던 단위분수의 합 문제가 아직도 미해결인 이유가 궁금하기도 하면서 한편으로는 이 문제에 대한 도전 의식도 갖게 된다.

이집트의 상징인 호루스의 눈

단위분수를 선호하는 경향은 이집트를 상징하는 호루스의 눈the eye of Horus에도 담겨 있다. 호루스의 눈은 여섯 부분으로 이루어져 있는데, 이는 촉각, 미각, 청각, 생각, 시각, 후각을 의미하며, 각 부분은 정해진 단위분수 값을 가지고 있다.

첫째, 대지에 뿌리를 내리고 있는 식물을 형상화한 부분은 $\frac{1}{64}$에 해당한다. 대지가 촉감을 의미한다고 보아 이 부분은 촉각을 나타낸다. 둘째, 싹이 튼 곡식의 모양을 본뜬 부분은 $\frac{1}{32}$에 해당하며, 곡식은 곧 식량이므로 미각과 연결된다. 셋째, 귀의 모양을 닮은 부분은 $\frac{1}{16}$에 해당하며 청각을 나타낸다. 넷째, 눈썹은 인간의 사고를 표현한다는 면에서 생각을 나타내며 $\frac{1}{8}$에 해당한다. 다섯째, 동그란 눈은 $\frac{1}{4}$에 해당하며 시각을 의미한다. 여섯째, 삼각형 모양은 코를 형상화한 것으로 $\frac{1}{2}$에 해당하고 후각을 나타낸다. 이제 이 부분들을 총합을 구하면 $\frac{1}{2}+\frac{1}{4}+\frac{1}{8}+\frac{1}{16}+\frac{1}{32}+\frac{1}{64}=\frac{63}{64}$이 되어, 1보다 $\frac{1}{64}$이 부족하다.

이집트의 전설에 따르면 호루스는 위대한 파라오 오시리스의 아들이다. 호루스는 아버지가 억울하게 죽음을 당한 원수를 갚기 위해 아버지의 동생 세트와 싸우게 된다. 달과 지식의 신 토트의 도움으로 호루스는 세트를 죽이고 이집트의 왕이 되었으나, 세트에 의해 산산조각 난 호루스의 왼쪽 눈에서 $\frac{1}{64}$는 찾지 못했다. 토트가 마법의 힘으로 왼쪽 눈을 치유해 1을 만들어주는데, 그런 연유로 왼쪽 눈은 치유와 달을 상징하고, 오른쪽 눈은 태양을 상징한다.

$\frac{1}{2} + \frac{1}{4} + \frac{1}{8} + \frac{1}{16} + \frac{1}{32} + \frac{1}{64}$은 직접 계산해도 되지만, 등비수열의 합의 공식을 이용할 수도 있다. 첫째항이 a, 공비가 r인 등비수열의 첫째항부터 제n항까지의 합은 $\frac{a(1-r^n)}{1-r}$이고, 이 등비수열의 첫째항은 $\frac{1}{2}$, 공비는 $\frac{1}{2}$이고, 제6항까지의 합이므로 $\frac{\frac{1}{2}\left\{1-\left(\frac{1}{2}\right)^6\right\}}{1-\frac{1}{2}} = 1 - \left(\frac{1}{2}\right)^6 = \frac{63}{64}$이 된다.

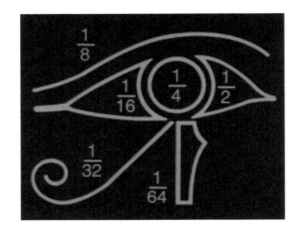

호루스의 눈

호루스의 눈이 새겨진 기원전 4 ~ 6세기의 부적

호루스의 눈 형태의 저택

2011년에는 호루스의 눈이 외신에 등장해서 주목을 받았다. 세계적인 모델 나오미 캠벨의 남자친구인 러시아 부동산 재벌이 캠벨에게 41번째 생일 선물로 호루스의 눈 형태의 저택을 지어주기로 약속했기 때문이다. 저택이 들어서는 곳은 에게 해 남서쪽에 위치한 세디어 섬인데, 로마 통치자 안토니우스가 이집트 여왕 클레오파트라를 위해 해안을 조성했다는 말이 전해오기 때문에 일명 클레오파트라 섬이라고 한다. 아름다운 풍광을 자랑하는 섬에 지어지는 호루스의 눈 형태의 건축물은 심미안도 만족시키지만 호루스가 파라오의 왕권을 수호하는 의미도 지니기 때문에 멋진 아이디어가 아닐까 싶다.

호루스의 눈 형태의 저택

『린드 파피루스』의 가정법

『린드 파피루스』에는 총 84개의 문제가 실려 있다. 이 중 일차방정식 문제는 11개인데, 가장 쉽다는 평가를 받는 [문제 24]는 '아하에 아하의 $\frac{1}{7}$의 합이 19일 때 아하를 구하여라'이다. 이 문제는 가정법(임시위치법)을 이용하면 간단하게 해결된다. 미지수를 나타내는 단어 아하aha를 x라고 놓고 주어진 문제를 표현하면 $x + \frac{1}{7}x = 19$가 된다. 이 방정식을 풀기 위하여 계산이 간편한 x값 하나를 가정한다. 예를 들어 $x = 7$이라고 하면 $x + \frac{1}{7}x$는 8이 되는데, 문제에서 $x + \frac{1}{7}x$는 19가 되어야 하므로 값을 조정하면 $x = 7 \cdot \frac{19}{8} = \frac{133}{8}$이 된다. 이처럼 가정법은 특수한 형태의 일차방정식을 간편하게 푸는 방법을 제공한다.

『린드 파피루스』의 거듭제곱

『린드 파피루스』의 [문제 79]는 집 7채, 고양이 49마리, 쥐 343마리, 밀 2401이삭, 밀 16807홉의 합을 구하는 문제이다. 이 문제의 수치가 7, 49, 343, 2401, 16807과 같이 7의 거듭제곱인 것으로 보아, 7채의 집이 있고, 각 집마다 7마리의 고양이가 있으며, 고양이 한 마리는 7마리의 쥐를 잡아먹고, 한 마리의 쥐는 7이삭의 밀을 먹으며, 하나의 밀 이삭은 7홉의 밀을 산출한다는 의미로 해석할 수 있다. 이 문제는 레크리에이션 수학이나 퍼즐의 성격을 띤다.

그런데 흥미로운 사실은 거듭제곱 문제가 시대와 문명을 초월하여 발견된다는 점이다. 13세기에 이탈리아의 피보나치가 저술한 『산반서』에는 인물, 동물, 사물의 수가 7의 거듭제곱으로 표현되는 문제가 실려 있다.

로마로 가는 길에 7명의 늙은 여인이 있다.

각 여인은 7마리의 노새를 데리고 있고,

각 노새는 7개의 부대를 등에 지고 있으며,

각 부대에는 7개의 빵이 들어 있고,

각 빵에는 7자루의 칼이 함께 있으며,

각 칼에는 7개의 칼집이 있다.

조선시대 황윤석이 저술한 『산학입문(이수신편 21권)』에는 사람의 명수를 구하는 문제가 실려 있다. 등비수열의 합의 공식을 이용하는 다음 문제에서 사람의 명수는 $1 + 8 + 8^4 + 8^5 + 8^6 + 8^7 + 8^8 = 19173385$명이다.

제갈 승상은 8명의 장수를 거느리고

장수마다 8개의 군영으로 나누어서

영마다 뒤에 8개의 진을 쳐서

진마다 8명의 선봉이 있다.

선봉 한 사람마다 8명의 기두가 있고

기두마다 8명의 대장으로 이루어지고

대마다 8명의 갑이 있고

갑마다 8명의 병사가 있다.

7의 거듭제곱과 관련된 문제는 영화 〈다이하드 3〉에도 소개되었다. 영화에서 주인공은 30초 안에 전화를 걸지 않으면 폭발이 일어날 것이라는 경고를 받는다. 전화를 걸어야 하는 번호는 555, 그리고 그다음의 네 자리는 수학 문제를 풀어 그 답을 입력해야 한다.

나는 세인트 아이브스로 가고 있었네.

한 남자를 만났는데 7명의 부인과 함께 있었네.

각 부인은 7개의 자루를 가지고 있었고

각 자루에는 7마리의 고양이가 있었으며

각 고양이는 7마리의 새끼고양이를 가지고 있었네.

새끼고양이, 고양이, 자루, 부인

세인트 아이브스로 가던 이는 모두 몇 일까?

영화의 주인공은 처음에 답이 $7^4 = 2401$이라고 생각해 555－2401을 입력하지만 이내 틀렸음을 안다. 이 문제는 일종의 난센스 퀴즈였던 것이다. 문제에서 물은 것은 '세인트 아이브스로 가던'이기 때문에 자기 자신 한 명이 된다. 따라서 입력해야 하는 전화번호는 555－0001이다.

영화 〈다이하드 3〉 장면

『모스크바 파피루스』의 사각뿔대

『모스크바 파피루스』는 『린드 파피루스』보다도 200년이나 앞선 기원전 1850년경에 제작된 것으로 추정된다. 『모스크바 파피루스』에는 25개의 문제가 실려 있는데, [문제 14]는 사각뿔대의 부피를 구하는 내용을 설명하고 있다.

밑면의 길이가 각각 2, 4이고 높이가 6인 사각뿔대의 부피를 구하기 위해, 우선 4를 제곱하고 4에 2를 곱하고 2를 제곱하여 모두 더하면 28이 된다. 또 높이인 6의 $\frac{1}{3}$을 취하면 2가 되고 이를 28과 곱하면 56이 된다. 56이 바로 사각뿔대의 부피이다.

    밑면의 길이가 각각 2, 4이고 높이가 6인 사각뿔대의 부피를 $(4^2 + 4 \times 2 + 2^2) \times 6 \times \frac{1}{3}$의 식으로 계산했다. 이처럼 구체적인 수치로 사각뿔대의 부피를 구한 것을 일반화하여 공식으로 나타내면 밑면의 길이가 각각 a, b이고 높이가 h인 사각뿔대의 부피는 $V = \frac{1}{3}(a^2 + ab + b^2)h$가 된다.

『모스크바 파피루스』에 새겨진 [문제14]

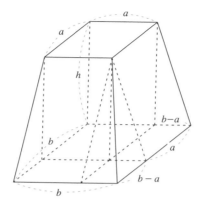

　사각뿔대의 부피를 구하기 위해 사각뿔대를 네 개의 입체로 분해해보자. 우선 왼쪽 뒷부분은 밑면의 한 변의 길이가 a이고 높이가 h인 직육면체로, 그 부피는 a^2h이다. 왼쪽 앞부분과 오른쪽 뒷부분은 직육면체를 이등분한 입체이다. 이 입체의 밑면은 a와 $(b-a)$를 각각 한 변으로 하는 직사각형이고 높이는 h이다. 따라서 이 두 입체의 부피를 합치면 $a(b-a)h$가 된다. 마지막으로 오른쪽 앞부분은 정사각뿔로, 밑면을 이루는 정사각형의 한 변의 길이는 $(b-a)$이고 높이는 h이다. 따라서 이 정사각뿔의 부피는 $\frac{1}{3}(b-a)^2h$이다. 이 부피의 합을 구하면

$$V = a^2h + a(b-a)h + \frac{1}{3}(b-a)^2h = \frac{1}{3}(a^2 + ab + b^2)h$$

이다. 이런 과정을 통해 『모스크바 파피루스』에서 설명한 공식에 도달할 수 있다.

03

필즈메달에
새겨진
아르키메데스

세계 3대 수학자

수학자들의 학문적 축제인 세계수학자대회의 하이라이트는 수학계의 노벨상이라 불리는 필즈상 수상식이다. 필즈상은 40세 이하의 수학자에게 주어지는 상이고, 4년에 한 번 세계수학자대회가 열릴 때 시상하므로 매년 수상자를 내는 노벨상에 비해 희소성이 더 높다. 이처럼 영예로운 필즈상 수상자에게는 필즈메달이 수여되는데, 그 뒷면에는 아르키메데스의 얼굴이 새겨져 있다.

수학사를 통틀어 최고의 수학자 3인방으로 꼽히는 것이 아르키메데스, 뉴턴, 가우스이다. 그런데 뉴턴과 가우스는 각각 17세기와 19세기에 활동했으므로 르네상스 시대까지 최고의 수학자는 아르키메데스이며, 필즈메달이 선택한 수학자도 바로 그였다.

아르키메데스가 새겨져 있는 필즈메달

아르키메데스Archimedes of Syracuse, B.C.287? ~ B.C.212는 시라쿠사에서 천문학자의 아들로 태어났다. 현재 이탈리아의 시칠리아 섬에 위치하는 시라쿠사는 고대 그리스의 도시 국가 중의 하나였다. 아르키메데스는 젊은 시절 알렉산드리아에서 수학을 공부했고 시라쿠사로 돌아와 다양한 분야의 연구와 발명을 하다가 그곳에서 생을 마쳤다.

아르키메데스의 「방법」

아르키메데스가 남긴 연구물 하나하나가 주옥같은 내용을 담고 있지만 그중에서도 특히 중요한 내용이 실린 논문은 「방법The Method of Mechanical Theorems」이다. 「방법」은 아르키메데스가 에라토스테네스에게 보낸 편지 형식을 취하고 있는데, 이 논문을 되찾아 내용을 밝힌 과정은 마치 한 편의 드라마와 같이 극적이다.

　종이의 발명 이전, 중세의 유럽과 아라비아에서는 동물의 가죽인 양피지에 글을 적었다. 그런데 양피지는 귀했기 때문에 불필요하다고 판단되는 내용은 폐기하고 그 위에 덧쓰는 경우가 있는데, 이를 팰림프세스트palimpsest라고 한다. 팰림프세스트는 그리스어로 '다시'를 뜻하는 'palin'과 '새긴다'라는 뜻의 'psao'을 합쳐서 만든 단어로, 원래 글을 지우고 뭔가 다른 내용을 새로 쓴 재활용 양피지를 말한다. 「방법」은 팰림프세스트의 운명을 겪게 된다. 10세기경 양피지에 「방법」이 필사되었는데, 13세기에는 그 내용에 가치가 없다고 여기고 중세 기도서를 덧씌운 것이다. 역사적으로 그토록 중요한 논문이 폐기되고 중세 기도서로 변모한 것은 큰 불행이지만, 기도서이기 때문에 온전히 보존되었다는 면에서 기도서로의 전환이 행운일 수도 있다.

덴마크의 문헌학자 헤이베르Johan L. Heiberg, 1854~1928는 1906년 현재 터키의 이스탄불인 콘스탄티노플에서 아르키메데스의 논문을 찾아냈다. 헤이베르는 중세의 기도서가 새겨진 양피지에 미세한 흔적으로 남아 있는 글을 해독하여 원래 아르키메데스의 논문이었음을 알아냈다. 헤이베르는 돋보기로 일일이 작업하여 논문 내용의 80%를 해독했고 1910년에는 번역본을 출간했다. 그런데 이 논문의 기구한 운명은 여기서 그치지 않고, 세계대전을 거치며 다시 사라지게 된다. 그러다가 아르키메데스의 논문은 1998년 뉴욕 크리스티 경매에 등장했고, 익명의 수집가가 200만 달러에 구입해 첨단기법을 이용하여 그 내용을 거의 복원해냈다.

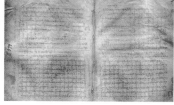

중세 기도서

아르키메데스의 논문

평형법으로 구의 부피 구하기

「방법」에서 가장 주목받는 내용 중의 하나는 '평형법method of equilibrium'이다. 평형법을 이용하면 한쪽에는 원기둥, 다른 쪽에는 구와 원뿔이 평형을 이루고 있다고 놓고 적분의 아이디어를 적용하여 구의 부피를 구할 수 있다. 아르키메데스는 도형을 방정식으로 나타내는 해석기하학의 아이디어와 당시 알려져 있던 원뿔과 원기둥의 부피 공식을 이용하여 다음과 같이 구의 부피를 구했다.

중심이 $(r, 0)$인 원의 방정식은

$$(x - r)^2 + y^2 = r^2, \; x^2 + y^2 = 2rx \; \cdots \; (1)$$

(1)의 양변에 π를 곱하면

$$\pi x^2 + \pi y^2 = \pi 2rx \; \cdots \; (2)$$

(2)의 양변에 $2r$을 곱하면

$$2r(\pi x^2 + \pi y^2) = x\pi(2r)^2 \; \cdots \; (3)$$

지렛대의 원리에 따르면 지레를 중심으로 한쪽에 무게 a인 물체가 지렛대로부터 x만큼 떨어진 거리에 있고, 또 다른 쪽에는 무게 b인 물체가 지렛대로부터 y만큼 떨어진 거리에 있을 때 $ax = by$가 성립한다. 이를 (3)에 적용하면 중심으로부터 $2r$만큼 떨어진 위치에 반지름인 각각 x와 y인 원이 있고, 또 다른 편에는 중심으로부터 x만큼 떨어진 위치에 반지름이 $2r$인 원이 있으며, 양쪽이 균형 상태이다.

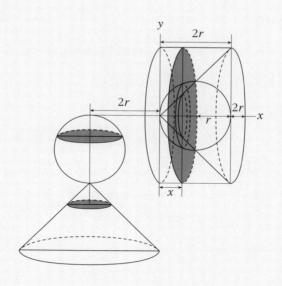

위의 그림의 오른쪽을 보면 $\pi(2r)^2$은 원기둥의 단면의 넓이이고,

πx^2과 πy^2은 각각 원뿔과 구의 단면의 넓이가 된다. 이제 x를

0에서 $2r$까지 변화시키면서 쌓아가면 $\pi(2r)^2$은 원기둥, πx^2은

원뿔, πy^2은 구를 각각 채우게 된다. 원기둥이 중심은 오른쪽으로

r만큼 떨어져 있고, 원뿔과 구의 중심은 왼쪽으로 $2r$만큼 떨어져

있다. 당시 원기둥과 원뿔의 부피를 알고 있었으므로 다음 식을

통해 구의 부피 V를 구할 수 있다.

$$2r\left\{\frac{1}{3}\pi(2r)^2 2r + V\right\} = r\pi(2r)^2 2r \cdots (4)$$

$\qquad\qquad$ 원뿔 $\qquad$ 구 $\qquad$ 원기둥

(4)로부터 구의 부피는 $V = \frac{4}{3}\pi r^3$이 된다.

스토마키온

팰림프세스트에는 「방법」 이외에도 '소화불량을 일으킬 정도의 난제'라는 뜻의 스토마키온Stomachion이 포함되어 있다. 스토마키온이란 14개의 조각으로 이루어진 정사각형 퍼즐로, 이 조각들을 배열하여 다양한 사물, 동물, 식물 등을 만들어낼 수 있다. 아르키메데스는 14개의 조각으로 정사각형을 만드는 방법의 수를 계산했는데, 이는 경우의 수를 체계적으로 따지는 조합론과 맞닿아 있다. 2003년 퍼즐 연구자인 빌 커틀러Bill Cutler는 컴퓨터를 돌려서 14조각으로 정사각형을 만드는 방법은 17152가지이고, 회전이동과 대칭이동을 시켰을 때 같아지는 경우를 제외하면 총 536가지의 다른 배열이 가능하다는 것을 밝혀냈다. 배열의 개수인 536에서 5월 36일, 그런데 36일은 5월 31일 이후 다섯 번째 날이므로 6월 5일을 아르키메데스의 날이라고 부르자는 제안이 이루어지기도 했다.

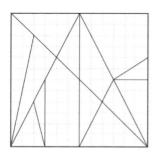

스토마키온   스토마키온으로 만든 다양한 모양들

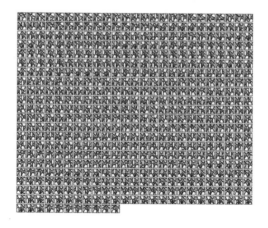

스토마키온으로 정사각형을 만드는 536가지 방법

제화공의 칼

제화공의 칼

아르키메데스가 남긴 평면기하에 대한 저술 중 아라비아인들에 의해 오늘날에 전해진 책이 『보조정리집Liber assumptorum』이다. 이 책은 15개의 명제를 제시하고 있는데, 그중에서 유명한 것이 '제화공의 칼'이라고 불리는 네 번째 명제이다. 제화공의 칼이라고 불리는 이유는 이 명제에서 다루는 도형의 모양이 구두를 만들 때 사용하는 특수한 모양의 칼과 닮았기 때문이다. 이 도형은 그리스어로 제화공의 칼을 뜻하는 아벨로스Arbelos라고도 불린다.

[명제 4] $\overline{AB}$ 위에 점 C가 있을 때 $\overline{AC}$, $\overline{CB}$, $\overline{AB}$를 각각 지름으로 하는 반원을 그리자. 점 C에서 $\overline{AB}$에 수선을 긋고, 가장 큰 반원과 만나는 점을 G라고 할 때, 세 반원의 호로 둘러싸인 부분(아벨로스)의 넓이는 $\overline{CG}$를 지름으로 하는 원의 넓이와 같다.

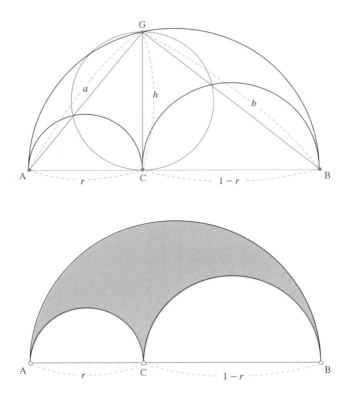

일반적으로 원의 지름에 대한 원주각은 직각이므로, △AGB 는 직각삼각형이며, △AGC와 △BGC도 각각 직각삼각형이다. 피타고라스의 정리에 의하여 다음이 성립한다.

$$r^2 + h^2 = a^2$$

$$(1 - r)^2 + h^2 = b^2$$

$$a^2 + b^2 = 1$$

이 세 식으로부터 $a = \sqrt{r}$, $b = \sqrt{1 - r}$, $h = \sqrt{r(1 - r)}$ 임을 알 수 있다.

$\overline{CG}$ 를 지름으로 하는 원의 반지름은 $\dfrac{h}{2} = \dfrac{\sqrt{r(1 - r)}}{2}$ 이므로, 넓이는 $\pi \cdot \left\{ \dfrac{\sqrt{r(1 - r)}}{2} \right\}^2 = \dfrac{\pi r(1 - r)}{4}$ 이고, 아벨로스의 넓이는 $\dfrac{1}{2}\pi\left(\dfrac{1}{2}\right)^2 - \left\{ \dfrac{1}{2}\pi\left(\dfrac{r}{2}\right)^2 + \dfrac{1}{2}\pi\left(\dfrac{1 - r}{2}\right)^2 \right\} = \dfrac{\pi r(1 - r)}{4}$ 이다.

따라서 세 반원의 호로 둘러싸인 아벨로스의 넓이는 $\overline{CG}$ 를 지름으로 하는 원의 넓이와 같다.

아벨로스에서 성립하는 또 다른 성질은 다음과 같다.

$\overline{AB}$ 위에 점 C가 있을 때 $\overline{AC}$, $\overline{CB}$, $\overline{AB}$ 를 각각 지름 으로 하는 반원을 그리자. 가장 큰 반원의 호의 길이 는 작은 두 반원의 호의 길이의 합과 같다.

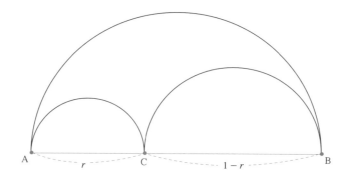

$\overline{AB} = 1$, $\overline{AC} = r$이라고 하자. 그러면 큰 원의 반지름은 $\frac{1}{2}$이고, 가장 작은 반원의 반지름은 $\frac{r}{2}$이며, 중간 크기 반원의 반지름은 $\frac{1-r}{2}$이므로, 세 개의 반원의 호의 길이를 구하면 다음과 같다.

가장 큰 반원의 호의 길이: $\overparen{AB} = \frac{1}{2} \times 2\pi \times \frac{1}{2} = \frac{\pi}{2}$

가장 작은 반원의 호의 길이: $\overparen{AC} = \frac{1}{2} \times 2\pi \times \frac{r}{2} = \frac{\pi r}{2}$

중간 크기 반원의 호의 길이: $\overparen{CB} = \frac{1}{2} \times 2\pi \times \frac{(1-r)}{2}$
$$= \frac{\pi(1-r)}{2}$$

즉, $\overparen{AB} = \overparen{AC} + \overparen{CB}$이다.

소금그릇 문제

『보조정리집』의 14번째 명제는 일명 '소금그릇 문제'이다. 중세까지 소금은 매우 귀하고 비쌌기 때문에, 지배층에서나 소금을 식탁에 올려놓을 수 있었다. 그러다 보니 화려한 모양의 소금그릇을 사용하게 되었고, 이 명제에서 다루는 도형의 모양이 소금 그릇을 닮았기 때문에, 소금그릇을 뜻하는 셀리논Salinon이라는 이름이 붙게 되었다.

[명제 14] $\overline{AB}$를 지름으로 하는 반원을 그리고 그 중심을 O라고 하자. A와 B로부터 각각 같은 거리에 C와 D를 잡는다. $\overline{AC}$와 $\overline{DB}$를 각각 지름으로 하는 반원을 그리고, $\overline{CD}$를 지름으로 하는 반원을 반대 방향으로 그린다. 그리고 O에서 $\overline{AB}$에 수선을 긋고 두 반원과 만나는 점을 각각 E, F라고 하자. 이때 $\overline{AB}$, $\overline{AC}$, $\overline{CD}$, $\overline{DB}$를 지름으로 하는 반원 사이에 독특한 모양이 만들어지는데, 이를 셀리논이라고 한다. 셀리논의 넓이는 $\overline{EF}$를 지름으로 하는 원의 넓이와 같다.

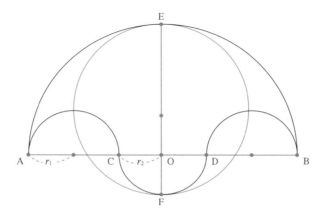

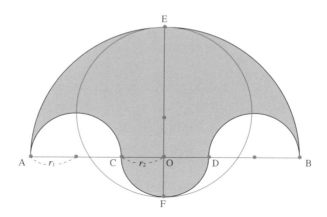

$\overline{\mathrm{AC}}$와 $\overline{\mathrm{DB}}$의 길이가 같으며, $\overline{\mathrm{AC}}$와 $\overline{\mathrm{DB}}$를 지름으로 하는 반원의 반지름을 r_1이라 하자. 그리고 $\overline{\mathrm{CD}}$를 지름으로 하는 반원의 반지름을 r_2라고 하자. 이때 $\overline{\mathrm{AO}} = 2r_1 + r_2$이다.

셀리논의 넓이 = ($\overline{\mathrm{AB}}$를 지름으로 하는 반원의 넓이) − ($\overline{\mathrm{AC}}$를 지름으로 하는 반원의 넓이) − ($\overline{\mathrm{DB}}$를 지름으로 하는 반원의 넓이) + ($\overline{\mathrm{CD}}$를 지름으로 하는 반원의 넓이)

$$= \frac{\pi}{2}(2r_1 + r_2)^2 - \frac{\pi}{2}r_1^2 - \frac{\pi}{2}r_1^2 + \frac{\pi}{2}r_2^2$$

$$= \pi(r_1 + r_2)^2$$

한편 $\overline{\mathrm{EF}} = \overline{\mathrm{EO}} + \overline{\mathrm{OF}} = \overline{\mathrm{AO}} + \overline{\mathrm{OF}} = (2r_1 + r_2) + r_2 = 2(r_1 + r_2)$이므로 $\overline{\mathrm{EF}}$를 지름으로 하는 원의 반지름은 $(r_1 + r_2)$이고, 그 넓이는 $\pi(r_1 + r_2)^2$으로 셀리논의 넓이와 같다.

아르키메데스의 발명품

아르키메데스는 발명왕이다. 아르키메데스가 개발한 나선식 펌프는 배의 바닥에 고인 물을 빼내거나 물을 끌어올리는 관개灌漑 장치로 현재도 개발도상국에서 사용하고 있다. 아르키메데스의 또 다른 발명품은 혼천의인데, 이는 천체의 운행과 그 위치를 측정하는 천문관측기이다. 아르키메데스의 최후를 묘사한 비몽 Edouard Vimont의 그림을 보면, 로마 병사가 왼손으로 혼천의를 가리키고 있고 혼천의의 오른쪽에는 나선식 펌프가 놓여 있다.

아르키메데스의 고향인 시라쿠사는 기원전 214년부터 212년까지 로마와 전쟁을 벌였다. 이런 시대적 상황 때문에 아르키메데스는 독창적인 전쟁 무기도 다수 발명했다. 당시의 발명품 중에는 적의 배가 성벽 가까이 접근했을 때 무거운 돌을 떨어뜨릴 수 있는 투석기도 있고, 배를 바다에서 끌어올리는 기중기도 있다. 또한 포물면 거울을 이용해 햇빛을 모아 로마의 목조 전함을 태웠다는 설도 있는데, 그보다는 포물면 거울로 햇빛을 집적하여 로마군들의 눈을 일시적인 실명 상태로 만들었을 것이라는 설명이 더 설득력 있다. 이러한 아르키메데스의 신형 무기에 힘입어 시라쿠사는 3년 가까이 로마에 맞서 버텼지만, 자만심을 갖게 되면서 아르테미스 여신을 기리는 축제를 성대하게 벌였다. 이를 틈타 로마군은 시라쿠사를 공격하였고 술에 취해 자고 있던 시라쿠사의 군대는 제대로 저항하지도 못하고 패배하였다.

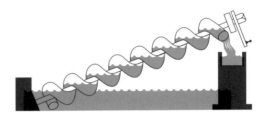

혼천의

아르키메데스의 나선식 펌프

원기둥에 내접하는 구

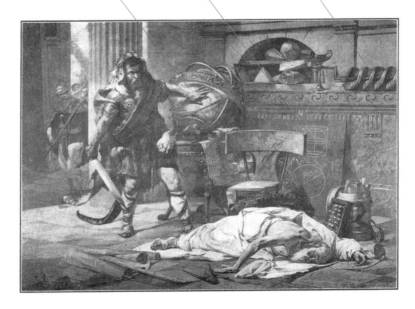

비몽의 〈아르키메데스의 최후〉

아르키메데스의 최후

시라쿠사를 점령한 로마의 장군 마르켈루스는 아르키메데스의 명성을 익히 들었기에 그를 죽이지 말고 생포하라고 신신당부했지만 아르키메데스는 로마 군사에 의해 살해되었다. 아르키메데스의 죽음과 관련해서는 여러 가지 설이 있다. 우선 시라쿠사가 로마군에 점령되었을 때 아르키메데스는 그 사실을 모른 채 모래 위에 도형을 그리며 연구에 몰두하고 있었다. 로마 병사가 다가오자 '내 원을 건드리지 말라'라고 소리쳤고 이에 격분한 로마 병사가 그를 찔러 죽였다고 한다. 또 다른 설에 따르면 로마 병사가 아르키메데스를 발견하고는 마르켈루스 장군에게 가자고 요청했다. 그런데 아르키메데스는 당시 숙고하고 있던 문제를 끝마치기 전에는 갈 수 없다고 반항했고, 이에 분개한 병사가 목을 베었다고 한다. 이처럼 아르키메데스의 죽음에 대한 여러 가지 설이 있지만, 공통적인 것은 마르켈루스가 아르키메스의 죽음을 애통해했다는 사실이다.

아르키메데스의 죽음은 미술 작품의 소재로도 애용되어 그의 최후를 묘사하는 수많은 미술 작품이 존재한다. 프랑크푸르트 시립 미술관의 모자이크나 드조르주, 쿠르투아의 작품은 모두 수학 연구에 몰입해 있는 아르키메데스를 로마 병사가 해치려는 일촉즉발의 상황을 생생하게 묘사하고 있다.

프랑크푸르트 시립 미술관의 모자이크

드조르주Thomas Degeorge의 유화

쿠르투아Gustave Courtois의 판화

아르키메데스의 묘비명

아르키메데스의 논문 「구와 원기둥에 대하여」에는 53개의 명제
가 실려 있다. 그중에서 가장 유명한 명제는 구의 부피는 외접
하는 원기둥의 부피의 $\frac{2}{3}$이고, 구의 겉넓이 역시 외접하는 원기
둥의 겉넓이의 $\frac{2}{3}$라는 내용이다. 아르키메데스는 이 발견에 대
단한 자부심을 가지고 있었고, 구와 외접하는 원기둥을 보여주
는 그림을 자신의 묘비에 새겨달라고 요청했다. 아르키메데스
를 존경하던 로마의 마르켈루스 장군은 그의 유지를 받들어 그
그림을 새겨주었다.

오랜 세월이 흘러 기원전 75년, 로마의 정치인 키케로는 아르키메데스의 무덤을 찾으려고 했다. 수많은 무덤을 모두 조사한 끝에 무성하게 자란 관목 위로 솟아 나온 아르키메데스의 묘비를 찾게 되었고, 무덤 주위를 복원하도록 명령했다. 이러한 관심은 얼마 동안 계속되다가 다시금 이 무덤은 잊히게 되었다. 오랜 무관심의 시간이 흐른 후 1960년대에 시칠리아의 시라쿠사에서 호텔 기초 공사를 하던 중 아르키메데스의 무덤은 다시 극적으로 발견되었다.

아르키메데스의 묘비에 새겨진 그림

아르키메데스에 대한 찬사

아르키메데스를 기리는 다양한 명언들이 있다. 수학자 해밀턴은 '누가 정복자 마르켈루스의 명성보다 아르키메데스의 명성을 갖고 싶어 하지 않겠는가?'라고 말했다. 수리철학자 화이트헤드는 '어떤 로마인도 기하학의 도형을 고찰하다가 죽지는 않았다'라는 말을 남겼다. 실용적 기술을 추구한 로마는 그리스가 남겨준 이론적인 수학과 과학을 개량하는 데 그쳤을 뿐 학문적 발전이 그리스에 미치지 못했음을 지적한 말이다. 수학자 하디는 '그리스의 비극시인 아이스킬로스는 잊히더라도 아르키메데스는 기억될 것이다. 왜냐하면 언어는 사라져도 수학적 아이디어는 영원하니까!'라고 말했다. 수학자 클라인은 '아르키메데스, 뉴턴, 가우스와 같이 위대한 수학자들은 언제나 이론과 응용에 동등한 가치를 두고 통합한다'라고 말했고, 볼테르는 '호메로스보다도 아르키메데스의 머릿속에 더 풍부한 상상력이 있다'라고 극찬했다. 이런 표현은 수학사에서 아르키메데스가 얼마나 영향력이 있는지를 잘 나타내준다.

04

원주율의 역사

&

영화 <라이프 오브 파이>

영화 〈라이프 오브 파이〉

영화 〈라이프 오브 파이Life of Pi〉는 아름다운 영상미로 화제를 불러일으켜 3D 영화에 새로운 패러다임을 제공했다고 평가받는다. 이 영화는 원주율 파이를 본격적으로 다루지는 않았지만 초반부에 주인공의 이름과 관련하여 파이가 등장한다.

이 영화는 주인공 파이가 자신의 이름을 설명하는 것으로 시작한다. 주인공의 본래 이름은 피신Piscine이었는데 친구들은 발음이 비슷한 피싱Pissing, 즉 오줌싸개라고 놀려댄다. 주인공은 고민 끝에 이름의 첫 알파벳 두 개를 딴 파이Pi를 생각해내고,

영화 〈라이프 오브 파이〉 포스터

파이가 진정 자신의 이름임을 입증하기 위해 수많은 학생들이 지켜보는 가운데 교실 칠판에 파이(π)값을 수백 자리까지 외워서 적는다. 교실 밖 복도까지 꽉 채운 학생들의 환호 속에 하나하나 π값을 적어나가는 주인공의 모습은 매우 인상적이다. 주인공이 원주율 π값을 끝없이 적어내려 가는 것은 π가 순환하지 않는 무한소수로, 소수점 아래의 수들은 일정한 규칙이 없이 무작위로 나타나는 무리수이기 때문이다.

영화에서 주인공이 π값을 칠판에 적어나가는 장면

원주율을 나타내는 π

해와 달, 호수에 떨어지는 빗방울과 같이 자연에서 찾아볼 수 있는 가장 단순하면서도 아름다운 형태는 바로 원이다. 그런 원의 둘레와 넓이를 구하기 위해서 반드시 필요한 정보가 원주율, 즉 원주(원의 둘레)와 지름의 길이의 비이다. 원주율을 나타내는 기호 π는 1706년 영국의 수학자 존스William Jones가 처음 사

용하였다고 알려졌다. 그는 둘레를 뜻하는 그리스어 단어의 첫 알파벳인 π를 원주율 기호로 선택했다. 그러나 처음부터 이 기호가 널리 사용된 것은 아니었다. 위대한 수학자 오일러가 여러 수학자들과 공동 작업을 하면서 π를 사용했고 그때부터 많은 사람들이 사용하는 기호가 되었다.

수학의 역사와 π의 역사

원주율 π는 수천 년 수학의 역사와 흐름을 함께한다. 수학의 발전에 따라 π를 구하는 방법이 달라졌고, π를 더 정확하게 구하려는 시도들로 수학이 발전하기도 했다. 고대 수학의 시발점이 되는 바빌로니아와 이집트는 각각 π에 대한 기록을 남겼다. π를 구하는 아르키메데스의 기하학적 방법은 조충지, 루돌프, 비에트로 이어지면서 긴 세월 동안 애용되었고, 중국과 인도의 수학자들은 π값에 근접한 분수를 찾으려고 노력을 기울였다. 17세기에 이르면서 무한에 대한 본격적인 탐구가 시작되고 미적분학이 체계를 갖추게 되자 π를 다양한 형태의 무한급수나 연분수로 표현하는 시도들이 이루어졌다. π를 수식으로 나타내려는 시도와 함께 π의 본질을 규명하려는 노력도 병행되어 19세기에 람베르트는 π가 무리수라는 것을 증명했고, 린데만은 초월수라는 것을 증명했다. 최근에는 슈퍼컴퓨터를 이용하여 π값을 계산하는 데까지 이르면서 π에 대한 탐구는 끊임없이 이어졌다.

바빌로니아의 원주율

바빌로니아인들이 남긴 점토판에는 π에 대한 기록이 담겨 있다. 바빌로니아에서는 정육각형의 둘레의 길이와 그 외접원의 둘레의 길이의 비를 0;57,36으로 기록하고 있다. 60진법 분수 0;57,36을 현대적인 방식으로 표현하면 $\frac{57}{60} + \frac{36}{60^2}$이다. 정육각형의 반지름의 길이를 r이라 하면 둘레의 길이는 $6r$이 되고, 정육각형의 외접원의 둘레의 길이는 $2\pi r$이므로 두 값의 비를 구하면 다음과 같다.

$$\frac{6r}{2\pi r} = \frac{3}{\pi} = \frac{57}{60} + \frac{36}{60^2}$$

이를 계산하면 원주율은 $\pi = 3\frac{1}{8} = 3.125$가 된다. 수천 년 전의 바빌로니아에서 이미 정확도가 높은 π값을 알고 있었다.

이집트의 원주율

이집트 수학의 전모를 보여주는 『린드 파피루스』에도 π와 관련된 문제가 들어 있다. 『린드 파피루스』의 [문제 50]은 지름이 9켓Khet인 원의 넓이는 한 변의 길이가 8켓인 정사각형의 넓이와 같다고 풀이하고 있다. 원의 넓이를 직접적으로 구할 수 없기 때문에 원보다 다루기 쉬운 정사각형의 넓이로 환원한 것이다. 이집트인들은 경험을 통해 원의 넓이와 정사각형의 넓이 사이의 관계를 알아낸 것으로 추측된다. 예를 들어 조약돌 9개를 지름으로 하는 원을 채우고 있는 조약돌들을 정사각형 모양으로 재배열하면 한 변에 8개의 조약돌이 놓인다는 사실을 터득한 것이다.

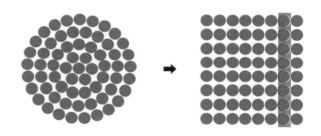

풀이에서 지름의 길이가 9인 원의 넓이와 한 변의 길이가 8인 정사각형의 넓이가 같다고 했으므로 이를 일반화하면 원의 넓이는 지름의 $\frac{8}{9}$의 제곱과 같다. 즉, 원의 반지름을 r이라고 할 때, $\pi r^2 = \left(\frac{8}{9} \cdot 2r\right)^2$이 되며, 이 식을 토대로 π값을 구하면 $\pi = \left(\frac{16}{9}\right)^2 ≒ 3.16$이다. 이집트는 바빌로니아와 마찬가지로 상당히 정확하게 π값을 계산했다.

아르키메데스의 원주율

바빌로니아와 이집트에 이어 원주율에 대해 주목할 만한 기록을 남긴 수학자는 아르키메데스이다. 아르키메데스는 원에 내접하는 정다각형과 외접하는 정다각형을 이용하여 π값을 상당히 정밀한 수준까지 계산해냈는데, 이 방법에 의한 원주율 탐구는 이

후 수학자들에 의해 상당 기간 동안 지속적으로 이루어졌다.

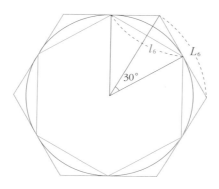

아르키메데스는 정육각형에서부터 시작했다. 원의 둘레의 길이는 원에 내접하는 정육각형의 둘레의 길이보다 길고 외접하는 정육각형의 둘레의 길이보다 짧다는 성질을 이용하여 π값을 구했다. 반지름의 길이가 $\frac{1}{2}$인 원에 내접하는 정육각형의 한 변의 길이를 l_6, 외접하는 정육각형의 한 변의 길이를 L_6라고 하면

$$l_6 = 2 \cdot \frac{1}{2} \sin 30^\circ, \ L_6 = 2 \cdot \frac{1}{2} \tan 30^\circ$$

이다. 따라서 원에 내접하는 정육각형의 둘레의 길이 c_6와 외접하는 정육각형의 둘레의 길이 C_6는 다음과 같다.

$$c_6 = 6 l_6 = 6 \cdot 2 \cdot \frac{1}{2} \sin 30^\circ = 3$$

$$C_6 = 6L_6 = 6 \cdot 2 \cdot \frac{1}{2} \tan 30° = \frac{6}{\sqrt{3}} = 3.4641\cdots$$

반지름의 길이가 $\frac{1}{2}$인 원의 둘레는 π이므로 범위는 다음과 같다.

$$3 < \pi < 3.4641\cdots$$

아르키메데스는 정육각형에서 출발하여 차례로 변의 수를 두 배씩 늘려 원에 내접하고 외접하는 정12각형, 정24각형, 정48각형, 정96각형을 만들면서 원주율을 계산했다. 정96각형을 이용하여 계산한 π값의 범위는 다음과 같다.

$$3\frac{10}{71} < \pi < 3\frac{1}{7}$$
$$3.1408\cdots < \pi < 3.1428\cdots$$

프톨레마이오스의 원주율

알렉산드리아의 프톨레마이오스Claudius Ptolemaeus, 90? ~ 168?는 『알마게스트』라는 천문학 책을 저술했다. 천동설을 기반으로 한 『알마게스트』는 지동설이 등장하기 이전까지 1500년 가까이 천문학적 지식의 토대를 제공했고, 그런 면에서 이 책은 '천문학의 원론'이라고 불린다. 『알마게스트』는 각 중심각에 대한 원의 현의 길이를 표로 제시했는데, 천체를 관측할 때에는 현의 길이에 대한 정보가 필요하기 때문이다. 중심각 1°에 대한 현의 길이를 360배 하면 정360각형의 둘레가 되는데, 이는 원주와 큰 차이가 없기 때문에 정360각형의 둘레를 지름으로 나누어서 π값을 구했다. 프톨레마이오스가 계산한 π값은 60진법으로 3;08,30이며 환산하면 $3 + \frac{8}{60} + \frac{30}{60^2} \fallingdotseq 3.1417$이다.

분수로 나타낸 원주율

중국 남북조 시대 송나라의 과학자 조충지祖沖之, 429~500는 π값으로 분수 $\frac{355}{113} = 3.1415929\cdots$를 사용하였다. 이는 분모와 분자가 1000 이하인 분수 중 가장 정확한 값으로 π값과 소수 여섯째 자리까지 일치하며, 이보다 정확한 분수가 나타나기까지 약 900년 동안 기록을 유지하였다.

인도의 수학자들 역시 π값을 분수로 나타냈다. 아리아바타 Aryabhata, 476~550는 π값을 $\frac{62832}{20000}$로, 바스카라는 π값을 $\frac{22}{7}$, 그보다 정확한 값으로는 $\frac{3927}{1250}$을 제안하였다. 로마 시대나 중세 시대에는 π에 대한 탐구가 그리 활발하게 이루어지지 못했는데, 이러한 서구의 부진을 중국과 인도의 수학자들이 채워주었다.

루돌프의 원주율

정다각형을 원에 내접하고 외접시켜 π값을 구하는 방법을 부활시키면서 더욱 정확성을 높인 사람은 독일의 루돌프Ludolph van Ceulen, 1540~1610이다. 루돌프는 아르키메데스의 방법을 이용하여 정60 × 2³³각형의 둘레를 계산하여 π값을 소수 20자리까지 구했으며, 그 뒤 정2⁶²각형의 이용하여 π값을 소수 35자리까지 정확하게 계산해냈다. 루돌프는 생애의 많은 부분을 이 작업을 하는 데 보냈고, 이를 기려 그의 묘비에는 소수 35자리까지 구한 π값, 루돌프 수가 새겨져 있다.

3.14159265358979323846264338327950288…

루돌프의 묘비에 새겨진 원주율

아르키메데스: 원에 내접하고 외접하는
정다각형... 정96각형까지 go go

중국 조충지: π를 분수로

인도의 아리아바타, 바스카라:
우리도 분수가 좋아!

루돌프: 나는 아르키메데스의 후예~

비에트, 월리스와 브룬커의 원주율

비에트François Viète, 1540~1603는 원에 내접하는 정다각형의 변의 수를 늘려가다가 최종적으로는 393216개의 변을 갖는 정다각형을 이용하여 π값을 소수 90자리까지 계산해냈다. 비에트는 아르키메데스의 방법을 이용하였지만 이전의 시도와 차별화되는 점은 정 n각형과 정 $2n$각형의 넓이의 비를 이용한 것으로, π값을 다음과 같이 무한곱으로 나타냈다.

$$\frac{2}{\pi} = \frac{\sqrt{2}}{2} \cdot \frac{\sqrt{2+\sqrt{2}}}{2} \cdot \frac{\sqrt{2+\sqrt{2+\sqrt{2}}}}{2} \cdots$$

17세기에 들어서면서 아르키메데스의 방법에서 탈피하여 독창적인 방법으로 π값을 계산하게 되었다. 그 첫 번째 주자는 영국의 수학자 월리스John Wallis, 1616~1703로, 『무한 산술론』에 다음 식을 발표했다.

$$\frac{\pi}{2} = \frac{2 \cdot 2 \cdot 4 \cdot 4 \cdot 6 \cdot 6 \cdot 8 \cdot 8 \cdots}{1 \cdot 3 \cdot 3 \cdot 5 \cdot 5 \cdot 7 \cdot 7 \cdot 9 \cdots}$$

당시 적분 계산 방법이 완전하게 확립되어 있지 않았기 때문에, 월리스는 월리스의 곱Wallis product이라 불리는 위의 식을 상당한 시간과 노력 끝에 귀납적인 방법으로 얻었을 것으로 추측할 수 있다. 영국의 수학자 브룬커William Brouncker, 1620~1684는 월리스의 식을 다음과 같은 연분수로 바꾸어 표현하였다.

$$\frac{4}{\pi} = 1 + \cfrac{1^2}{2 + \cfrac{3^2}{2 + \cfrac{5^2}{2 + \cfrac{7^2}{2 + \cdots}}}}$$

이제 π값을 무한곱과 연분수라는 새로운 형태로 표현하게 된 것이다.

라이프니츠의 원주율

스코틀랜드의 수학자 그레고리James Gregory, 1638 ~ 1675는 $(0,\ x)$에서 $\dfrac{1}{1+x^2}$의 그래프로 둘러싸인 영역의 넓이가 $\arctan x$라는 것을 알게 되었다. $\arctan$는 $\tan$의 역함수로 $y = \arctan x$라고 할 때 $\tan y = x$가 된다. $\arctan$를 이용한 다음 식을 그레고리 급수Gregory series라고 한다.

340
-
341

$$\int_0^x \frac{1}{1+u^2}\,du = \int_0^x (1 - u^2 + u^4 - u^6 + \cdots)\,du$$
$$= x - \frac{x^3}{3} + \frac{x^5}{5} - \frac{x^7}{7} + \cdots = \arctan x$$

라이프니츠Gottfried Leibniz, 1646 ~ 1716 또한 이 급수를 독립적으로 알아냈기 때문에 라이프니츠 급수라고도 부른다. $\tan \dfrac{\pi}{4} = 1$이므로 $\arctan 1 = \dfrac{\pi}{4}$이고, 위의 급수에 $x = 1$을 대입하면 π값을 계산하는 무한급수를 만들어낼 수 있다.

$$\arctan 1 = \frac{\pi}{4} = 1 - \frac{1}{3} + \frac{1}{5} - \frac{1}{7} + \cdots$$

$$\pi = 4\left(1 - \frac{1}{3} + \frac{1}{5} - \frac{1}{7} + \cdots\right)$$

오일러의 원주율

오일러Leonhard Euler, 1707 ~ 1783는 π를 나타내는 무한급수를 증명하였다. 테일러 급수로 사인함수를 전개하면 다음과 같다.

$$\sin x = x - \frac{x^3}{3!} + \frac{x^5}{5!} - \frac{x^7}{7!} + \cdots$$

양변을 x로 나누면 $\dfrac{\sin x}{x} = 1 - \dfrac{x^2}{3!} + \dfrac{x^4}{5!} - \dfrac{x^6}{7!} + \cdots$이고

$\sin x = 0$의 근은 $x = 0, \pm\pi, \pm 2\pi, \pm 3\pi, \cdots$이고,

$\dfrac{\sin x}{x} = 0$을 만족시키는 값은 $x = \pm\pi, \pm 2\pi, \pm 3\pi, \cdots$이다.

따라서

$$\frac{\sin x}{x} = \left(1 - \frac{x}{\pi}\right)\left(1 + \frac{x}{\pi}\right)\left(1 - \frac{x}{2\pi}\right)\left(1 + \frac{x}{2\pi}\right)\left(1 - \frac{x}{3\pi}\right)\left(1 + \frac{x}{3\pi}\right)\cdots$$

$$= \left(1 - \frac{x^2}{\pi^2}\right)\left(1 - \frac{x^2}{4\pi^2}\right)\left(1 - \frac{x^2}{9\pi^2}\right)\cdots$$이다.

위의 식에서 x^2의 계수는

$$-\left(\frac{1}{\pi^2} + \frac{1}{4\pi^2} + \frac{1}{9\pi^2} + \cdots\right) = -\frac{1}{\pi^2}\sum_{n=1}^{\infty}\frac{1}{n^2}$$이다.

한편 $\dfrac{\sin x}{x} = 1 - \dfrac{x^2}{3!} + \dfrac{x^4}{5!} - \dfrac{x^6}{7!} + \cdots$에서 x^2의 계수는

$-\dfrac{1}{3!} = -\dfrac{1}{6}$이므로, $\dfrac{1}{\pi^2}\displaystyle\sum_{n=1}^{\infty}\frac{1}{n^2} = \frac{1}{6}$이다.

오일러가 28세에 증명한 문제 $\dfrac{\pi^2}{6} = \displaystyle\sum_{n=1}^{\infty} \dfrac{1}{n^2}$ 은 오일러의 고향인 스위스의 바젤을 따서 바젤 문제Basel problem라고 한다. 바젤 문제는 1644년에 제기되었고, 라이프니츠 등 기라성 같은 당대의 수학자들이 도전을 했지만 고배를 마셨고 증명의 영예는 1735년 오일러에게 돌아갔다.

월리스, 비에트:
π를 무한곱으로!

브룬커:
π를 연분수로!

라이프니츠, 오일러:
π를 무한급수로!

람베르트와 린데만의 원주율

π값을 구하는 노력과 더불어 π가 과연 어떤 수인지에 대한 탐구도 이루어졌다. 람베르트Johann Heinrich Lambert, 1728 ~ 1777는 1761년에 π가 무리수임을 증명했고, 린데만Ferdinand von Lindemann, 1852 ~ 1939은 1882년에 π가 초월수임을 증명했다. 수를 구분하는 준거 중의 하나는 유리수 계수인 다항방정식의 해가 될 수 있는지의 여부로, 해가 되면 대수적 수algebraic number, 그렇지 않으면 초월수transcendental number라고 한다. 모든 유리수는 대수적 수이고, 무리수 중에서 $\sqrt{2}$는 다항방정식 $x^2 - 2 = 0$의 해이므로 대수적 수이다. 제곱해서 -1이 되는 i는 $x^2 + 1 = 0$의 해이므로 대수적 수이지만, π는 어떤 유리계수 다항방정식의 해도 될 수 없으므로 초월수이다.

π가 무리수임을 나타내는 우표

π가 초월수임을 나타내는 우표

몬테카를로법

몬테카를로법Monte Carlo method은 컴퓨터로 난수亂數를 발생시키고 기하적 확률을 이용하여 근사해를 얻는 방법으로, π값을 계산하는 데도 유용하게 이용된다. 예를 들어 한 변의 길이가 2인 정사각형에 반지름이 1인 원이 내접할 때, 원과 정사각형의 넓이의 비는 $\frac{\pi}{4}$이다. 다음 그림에서 원 내부의 점은 812개이고, 원 외부의 점은 212개이므로, 원 내부의 점과 정사각형을 이루고 있는 점의 총 개수의 비는 $\frac{812}{812+212} = 0.79296875$이다. 이 값이 $\frac{\pi}{4}$와 같다고 놓고, π값을 계산하면 약 3.171875가 된다. 정사각형의 내부에 무작위로 수많은 점들을 잡고 전체 점의 개수와 원의 내부에 있는 점의 개수와의 비를 계산함으로써 π값을 알아낼 수 있다.

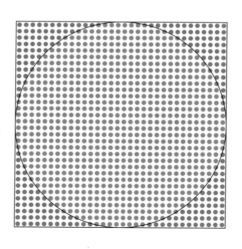

몬테카를로법을 응용하여 π값을 계산한 대표적인 예가 '뷔퐁의 바늘문제'이다. 뷔퐁의 바늘문제에서는 같은 간격으로 평행선을 긋고 바늘을 떨어뜨려 평행선과 만난 횟수를 구한다. 전체시행 횟수와 평행선과 만난 횟수를 통해 통계적 확률을 구하고, 바늘이 평행선과 만날 수학적 확률을 구한 뒤 두 확률을 등식으로 놓고 π값을 계산한다.

π값의 계산과 슈퍼컴퓨터

컴퓨터 연산 처리가 얼마나 빠르고 정확한지 그 성능을 측정하는 지표 중의 하나가 π값의 계산이다. 컴퓨터를 이용한 π값의 계산에서 강세를 보이는 국가가 일본으로, 곤도 시게루近藤茂라는 회사원은 개인용컴퓨터PC를 이용해 2010년 8월에는 π값을 소수 5조 자리까지 계산했고, 2011년 10월에는 10조 자리까지, 2013년 말에는 소수 12조 자리까지 계산하는 데 성공했다. 이 기록은 2014년 10월 호코우온치方向音痴라는 아이디를 사용하는 일본의 한 익명의 프로그래머가 갱신했다. 호코우온치는 208일에 걸쳐 컴퓨터를 돌려 π값을 소수 13조 3000만 자리까지 계산했다.

다음 그래프는 π값을 소수 몇 째 자리까지 정확하게 계산했는지를 나타내는데, 1950년대 이후 최근에 이르기까지 정확도가 높아지고 있음을 확인할 수 있다.

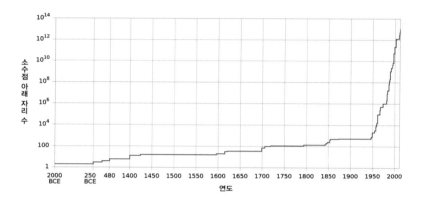

박경미의 **수학N**

© 박경미, 2016. Printed in Seoul, Korea

초판 1쇄 펴낸날	2016년 2월 17일
초판 10쇄 펴낸날	2024년 9월 1일
지은이	박경미
펴낸이	한성봉
편집	안상준·박소현·이지경
책임편집	조서영
디자인	유지연
마케팅	박신용·오주형·박민지·이예지
경영지원	국지연·송인경
펴낸곳	도서출판 동아시아
등록	1998년 3월 5일 제1998-000243호
주소	서울시 중구 필동로8길 73 [예장동 1-42] 동아시아빌딩
페이스북	www.facebook.com/dongasiabooks
전자우편	dongasiabook@naver.com
블로그	blog.naver.com/dongasiabook
인스타그램	www.instagram.com/dongasiabook
전화	02) 757-9724, 5
팩스	02) 757-9726
ISBN	978-89-6262-129-7 03400